앞서 나가는 10대를 위한

로켓 물리학

앞서 나가는 10대를 위한

로켓
물리학

지은이 · 매슈 브렌든 우드　　옮긴이 · 전이주

일러두기 ....

>> 장별로 본문 시작 전 왼쪽 면에 🔍 **중요 단어와 인물** 이 나온다. 내용 이해에 꼭 필요한 단어들과 로켓 물리학 발전에 크게 기여한 과학자들을 함께 소개한다.

>> 🔍 **중요 단어와 인물** 은 수록 순서대로 소개되며, 각 단어의 앞에는 해당 단어의 **쪽수**가 있다.

>> 🔍 **중요 단어와 인물** 은 본문에 고딕으로 강조돼 있다. 중요 단어의 위치가 본문이 아닐 경우에도 글씨 색깔을 달리한다거나 굵게 표시함으로써 구별했다.

>> 각 장의 첫머리마다 이해를 도와주는 🌱 **생각을 키우자!** 가 있다. 🌱 **생각을 키우자!** 를 꼭 곰곰이 생각하며 읽어라. 🌱 **생각을 키우자!** 는 각 장을 모두 읽고 난 뒤에 또다시 등장한다. 한 장을 다 읽었다면 공학자 공책에 🌱 **생각을 키우자!** 관련 내 생각을 기록해 보자. 공학자 공책 관련 내용은 14쪽을 참고하라.

>> 모든 장의 끄트머리에는 다양한 실험으로 이론을 직접 체험해 볼 수 있는 **탐·구·활·동** 이 있다. 모든 실험은 안전해야 하니 부모님 또는 선생님과 함께하라.

>> 몇몇 **탐·구·활·동** 에는 **토론거리** 가 있다. 친구들과 함께 토론해 보자.

안전제일

탐구 활동 시에는 안전이 최우선이다. 특히 발사체 탐구 활동을 할 때는 항상 보안경을 착용하라. 사람이나 동물, 귀중품 등 다치게 해서도, 망가뜨려서도 안 되는 것에 발사체를 겨냥해서는 안 된다. 이 경고는 발사체 실험 탐구 활동들에 반복해서 등장한다. 만들기 실험 시에는 특히 손가락과 손을 조심하라. 집히거나 끼거나 부러질 수 있다. 다시 한번 강조하겠다. 과학 실험은 항상 안전하게 수행해야 한다!

차례

연표 ⋯ 06

들어가기 · 발사체 과학 ⋯ 09

1장 · 운동의 법칙 ⋯ 17

2장 · 발사체 운동 ⋯ 37

3장 · 역학 에너지 ⋯ 59

4장 · 공기 저항 ⋯ 83

5장 · 로켓 발사! ⋯ 101

자료 출처 ⋯ 121

찾아보기 ⋯ 124

탐구 활동 모아보기 ⋯ 127

책에 인용된 자료의 출처가 궁금하다면?

아래의 돋보기 아이콘을 찾아라. 스마트폰이나 태블릿 앱으로 QR 코드를 스캔해서 자세한 내용을 확인할 수 있다! 사진이나 동영상은 어떤 일이 일어난 순간의 모습을 포착해 주기 때문에 중요한 자료가 될 수 있다.

 PS QR 코드가 동작하지 않는다면 '자료 출처' 페이지의 URL 목록을 참고하라. 아니면 QR 코드 아래 키워드를 직접 검색해 도움이 될 만한 다른 자료를 찾아보라. 타임북스 포스트 '앞서 나가는 10대를 위한 로켓 물리학'에도 관련 자료가 있다.

🔍타임북스 포스트

1304년 영국 왕 에드워드 1세가 스코틀랜드와의 전쟁 중 스털링 성 정복을 위해 '전쟁 늑대'라 불리던 거대한 투석기 형태의 트레뷰셋을 사용함.

1337년 프랑스와의 백년 전쟁에서 영국이 롱 보우를 사용함.

1346년 몽골 군이 캐터펄트를 이용해 카파라는 도시에 흑사병을 퍼트림.

1415년 아쟁쿠르 전투에서 영국이 롱 보우 덕에 규모가 10배 정도 큰 프랑스 군대를 물리침.

1520년 발사체를 회전시키는 나선 홈 모양의 총신 '라이플'이 최초로 만들어짐.

1638년 갈릴레이가 발사체의 움직임이 포물선(곡선 경로)임을 증명함.

1812년 미·영 전쟁 중 영국 해군이 미국 볼티모어의 맥헨리 요새 공격에 로켓탄을 사용함.

1846년 만유인력의 법칙 덕에 해왕성을 발견함.

1849년 클로드-에티엔 미니에가 현대식 유선형 총알을 발명함.

1850년경 최초의 고무줄 새총이 만들어짐.

1853년 독일 물리학자 마그누스의 설명으로 회전 물체가 어떻게 곡선으로 날아가는지 알려짐.

1853년경 스코틀랜드 물리학자 윌리엄 랭킨이 '위치 에너지'라는 용어를 만듦.

1867년 10월 7일. 메이저리그에서 윌리엄 아서 캔디 커밍스가 야구 경기에서 최초로 커브볼을 던짐. 이후 1939년 커밍스는 명예의 전당에도 올랐다.

1905년 투수 에디 시콧이 '너클스'라는 별명을 얻음. 이 별명은 지그재그 모양을 그리듯 나아가는 너클 볼을 던질 때 사용하던, 특이한 공 잡는 법 때문에 붙었다.

1906년 9월 5일. 브래드버리 로빈슨이 미식축구 경기에서 최초로 나선 패스를 던짐. 나선 패스란 미식축구나 럭비 경기에서 세로축 기준으로 공이 빨리 회전하게끔 던져 흔들림이나 떨림 없이 매끈한 곡선을 그리며 날아가게 던지는 긴 패스를 가리킨다.

1926년 3월 16일. 로버트 고더드가 첫 액체 연료 로켓을 발사함.

1944년 9월 8일. 영국 런던에서 첫 V-2 로켓 공격이 발생함. V-2 로켓은 제2차 세계대전 후반 독일이 개발한 탄도 미사일의 원조다.

1953년   위플볼이 발명됨. 위플볼이란 약식 야구 경기에 사용하는 구멍이 난 플라스틱 공 또는 그 경기를 가리킨다.

1957년   10월 4일. 세계 최초의 인공위성인 소련의 스푸트니크 호가 발사됨. 이 인공위성 덕분에 미국과 소련 간의 우주 경쟁 시대가 열렸다.

1959년   공학자 겸 물리학자 라이먼 브릭스가 커브볼이 정말 곡선으로 나아간다는 사실을 증명함.

1959년   2월 9일. 소련의 R-7이 세계 최초의 작전용 대륙 간 탄도 미사일로 설치됨. 이후 R-7은 무기보다 우주 비행용 로켓으로 더 많이 활용됐다.

1961년   4월 12일. 러시아 비행사 유리 가가린이 소련의 R-7 대륙 간 탄도 미사일 개조 우주선을 타고 우주로 나감. 이로써 유리 가가린은 우주에 가 본 최초의 인간으로 역사에 남았다.

1961년   5월 5일. 앨런 셰퍼드가 머큐리-레드스톤 3호 로켓에 탑승해 고도 187km에서 15분 동안 탄도 비행에 성공함으로써 미국 최초의 우주 비행사가 됨.

1966년   할리스 윌버 앨런이 최초의 컴파운드 보우를 제작함. 컴파운드 보우란 현대의 복합궁을 일컫는 말로, 케이블, 도르래, 지렛대 등 기계 장치를 사용해 만든 활을 가리킨다.

1967년   11월 9일. 인간을 달에 데려다준 아폴로 호의 로켓, 새턴 V가 처음으로 발사됨. 베르너 폰 브라운이 디자인하고 개발했다.

1974년   9월 8일. 스턴트맨 로버트 이블 크니블이 직접 제작한 스팀엔진 오토바이 '스카이사이클 X-2'를 타고 스네이크 리버 캐니언을 건넘.

1987년   6월 2일. 미국 야구팀 덴버 제퍼스의 조이 메이어가 아마도 야구 역사상 최장의 홈런인 약 177.5m짜리 홈런을 침.

2009년   앵그리버드 게임이 발사체 과학으로 사람들에게 오랫동안 즐거움을 줌.

2010년   미 해군이 시속 8,778km 이상으로 여행하는 역사상 가장 빠른 발사체를 쏨.

2011년   캐터펄트로 호박 던지기 대회에서 호박을 약 1.1km 거리로 던진 '처키 III'가 세계 신기록을 수립함.

2013년   12월 8일. 미식축구팀 덴버 브롱코스의 매트 프레이터가 약 57.6m로 미국 프로 미식축구 리그 역사상 최장의 필드골을 참!

09쪽 **힘(force)**: 멈춘 물체를 움직이고, 움직이는 물체의 속도를 바꾸거나 아예 멈추게 하는 작용.

09쪽 **탄도학(ballistics)**: 허공으로 쏘아 올린 물체의 움직임을 연구하는 학문.

09쪽 **발사체(projectile)**: 스스로의 힘으로 움직이지 않는, 발사된 물체.

09쪽 **발사체 운동(projectile motion)**: 발사체가 이동하면서 포물선 궤도를 그리는 운동.

10쪽 **부력(buoyancy)**: 공기 중이나 물속에서 물체를 띄우는 힘.

10쪽 **발사체 과학(projectile science)**: 발사체의 움직임을 연구하는 학문.

10쪽 **툰드라(tundra)**: 토양 겉면 아래가 항상 얼어 있어 나무가 자라지 않는 북극 지역.

10쪽 **선사 시대(prehistory)**: 문자로 기록되기 전의 시대. 석기 시대와 청동기 시대를 이른다.

10쪽 **경계(caution)**: 뜻밖의 사고가 생기지 않도록 조심하여 단속함.

10쪽 **투석기(catapult)**: 큰 돌을 성이나 적진으로 쏘아 던지던 병기.

10쪽 **창(lance)**: 손잡이가 길고 끝이 뾰족한, 찌르거나 던지기에 사용하는 무기.

10쪽 **작살(spear)**: 원시적인 모양의 창. 최근에는 물고기를 찔러 잡는 기구로 많이 쓰인다.

11쪽 **투창기(spear-thrower)**: 창을 더 멀리, 더 빠르게 던지게 해 주는 막대기.

12쪽 **캐터펄트(catapult)**: 적에게 물체를 던질 때 사용하던 고대의 대형 무기. 중세 시대 먼 거리 공격에 사용하던 발사 장치를 모두 캐터펄트라고 부르기도 한다.

12쪽 **트레뷰셋(trebuchet)**: 성벽 부수기에 이용하던 대형 발사 무기. 캐터펄트와 비슷한 구조로, 이동이 가능하다.

12쪽 **공성전(siege)**: 성이나 진지(陣地)를 에워싸고 공격하여 외부의 원조나 보급품을 차단함으로써 적의 요새를 빼앗으려는 전투.

12쪽 **화창(fire lance)**: 화약의 힘으로 그 속에 든 탄환을 나가게 하는 무기. 권총, 기관총, 소총, 엽총 따위가 있다.

12쪽 **유리 가가린(Yuri Gagarin)**: 세계 최초의 우주 비행사. 1961년 보스토크 1호를 타고 우주 비행에 성공했으며 낙하산을 타고 지구로 돌아왔다.

13쪽 **물리학(physics)**: 물질, 에너지, 운동 등의 물리적 힘과 이 힘이 어떻게 상호 작용하는지를 연구하는 학문.

13쪽 **커브볼(curveball)**: 야구 변화구의 일종으로 타자 가까이에서 갑자기 땅 쪽으로 꺾이는 공.

13쪽 **공기 저항(air resistance)**: 공기를 통과할 때 물체에 작용하는 힘.

발사체 과학

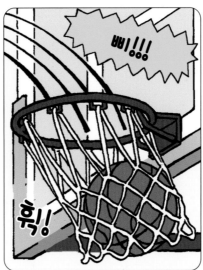

경기 종료가 몇 초 남지 않았다! 점수 차는 겨우 1점! 어떻게 해야 할까? 어깨를 치켜들어 마지막 슛을 날리자. 농구공이 허공을 가르고 날아가 쭉 뻗은 수비수의 손 너머 골대로 휙 들어간다. 경기 종료를 알리는 종소리와 관중의 환호 소리가 들린다. 경기에서 이겼다!

농구할 때 어떻게 3점 슛을 넣는 것일까? 순전히 운이 좋아서? 아니다. 멋진 슛으로 농구 경기를 승리로 이끄는 데는 여러 힘이 작용한다. 이 힘들을 이해하려면 탄도학을 알아야 한다. 탄도학은 다양한 발사체와 발사체 운동을 연구하는 학문으로, 농구공이나 총알 같은 물체의 움직임을 연구한다.

생각을 키우자!

고대인들은 왜 발사체를 더 멀리, 그리고 빨리 보내는 방법을 개발했을까? 이 같은 능력이 인간의 삶을 어떻게 개선했을까?

발사체일까, 아닐까?

물체는 언제 발사체가 될까? 허공을 날면 모두 발사체인 것일까? 아니다! 발사체는 혼자 힘으로 움직일 수 없다. 비행기는 날개, 헬리콥터는 프로펠러, 기구는 **부력**이 움직임을 결정하므로 이런 물체들은 발사체가 아니다.

발사체 과학은 연구 범위가 매우 넓다. 쓰레기통에 음료수 캔 던지기처럼 간단한 것부터 우주로 로켓을 쏘아 올리는 복잡한 것까지 모두 포함되니까. 던지거나 쏠 수 있는 것이라면 모두 발사체이다. 그러니 공을 던져 본 적이 있거나 모형 로켓을 발사해 봤다면, 총 쏘는 비디오 게임이라도 해 봤다면 다들 이미 놀라운 탄도학의 세계를 경험한 셈이다.

사실 우리는 평생 알게 모르게 탄도학을 공부한다. 축구에서 점수를 내려면 얼마나 세게 공을 차야 할까? 과녁에 명중시키려면 어떻게 화살을 조준해야 할까? 답을 알려면 탄도학과 발사체 운동을 이해해야 한다. 역사적으로도 탄도학 연구는 인간의 삶에서 아주 중요한 부분이었다.

⚙️ 고대의 발사체

2만 년 전 북시베리아의 가혹한 **툰드라** 지역에 살던 **선사 시대** 사람들은 살아남기조차 쉽지 않았다. 그런데 무슨 수로 다가가기도 어려운 곰이나 거대한 털북숭이 매머드처럼 덩치 크고 위험한 맹수를 사냥했을까?

고대인들은 무시무시한 동물을 최대한 안전하게 사냥하려 발사체 과학을 사용했다. 둥글게 다듬은 돌멩이를 아주 세게 던져 먹잇감을 때려잡았다는 말이다. 발사체로 하는 사냥은 두 가지 커다란 이점이 있었다. 첫째, 경계하는 먹잇감을 속일 수 있다. 둘째, 맹수의 위험한 이빨이나 엄니로부터 멀찍이 떨어질 수 있다.

사냥에는 여러 사람이 동원됐다. 이 중 어떤 이들은 **투석기**를 만들었다. 투석기 덕분에 고대인들은 더 세게 돌을 던질 수 있었다. 무기는 점점 더 위험해졌고, 고대인들은 점차 돌멩이 대신 **창과 작살**을 들었다. 최초의 작살은 아주 단순한 형태의 뾰족한 막대기였다. 이후 인간은 막대기 끝에 작은 돌멩이를 뾰족하게 다듬어 붙였다. 좀 더 정교하고 훨씬 치명적인 무기를 만들어 낸 것이다.

동굴 벽에 털북숭이 매머드 그림을 그리는 고대인들.

출처: Charles R. Knight

조심해!

많은 문화에서 창을 더 멀리, 빠르게 던지기 위한 도구를 만들었다. 이 중 아즈텍 문명이 만든 '아틀라틀'과 호주 원주민이 만든 '우메라' 같은 **투창기**는 사냥꾼의 팔을 늘려 줌으로써 더 강력하고 정확하게 창을 던지게끔 도와준다.

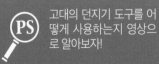

PS 고대의 던지기 도구를 어떻게 사용하는지 영상으로 알아보자!

🔍 빙하시대 투창기

활과 화살은 작살보다 훨씬 더 만들기 어려웠다. 일단 활 만들기에 적합한, 잘 구부러지지만 부러지지는 않는 목재를 찾아야 했다. 활시위 재료는 동식물에게서 구했다. 화살은 가능한 한 곧게 깎고 다듬었다. 모든 일이 어려웠지만, 할 만한 가치가 있었다. 잘 만든 활과 화살은 작살보다 겨냥하기가 쉬웠고, 가벼워서 가지고 다니기도 수월했기 때문이다.

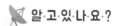

66 발사체 덕분에 쉽고 효율적인 먹이 사냥이 가능해졌다.
이후 발사체는 사냥뿐만 아니라 전투에도 쓰였다. **99**

⚙ 발사 무기의 역사

중세 유럽에서는 **캐터펄트**라는 커다란 무기로 성벽 너머에 바위를 던지거나 성벽을 무너뜨렸다. 캐터펄트의 작동 원리는 활과 아주 비슷하다. 부드럽게 휘어지는 나무 팔을 발사 위치로 잡아당긴 다음 발사체를 싣는다. 잡았던 것을 놓으면 나무 팔이 튕겨 나오면서 바위가 표적을 향해 날아간다.

트레뷰셋도 중세 유럽의 **공성전**에 주로 사용된 캐터펄트의 일종이다. 다른 캐터펄트와 다른 점은 커다란 추로 무거운 물체를 날려 보냈다는 것이다. 트레뷰셋은 이후 총, 대포 같은 소형 화기 발명까지 수백 년 동안 전장에서 견줄 무기가 없을 만큼 엄청난 인기를 누렸다.

10세기에는 중국에서 새로운 무기가 발명됐다. 속이 빈 죽통에 흑색 화약을 채워 작살 끝에 부착한 **화창**이 바로 그것이다. 불을 붙이면 흑색 화약이 폭발해 적에게 불덩이와 작은 발사체를 날려 보냈다. 시간이 흘러 죽통은 금속 통으로 대체됐다. 그 안에는 발사체인 총알 하나가 들어 있었다. 화약으로 채운 이 최초의 소형 화기는 활과 화살보다 치명적이었다. 그 후 대포와 박격포, 현대식 소총이 등장해 더 큰 발사체를 훨씬 더 멀리까지 발사했다.

1961년에는 탄도 미사일을 개조해 만든 우주선, 보스토크 1호가 발사됐다. 보스토크 1호에 탑승한 **유리 가가린**(1934~1968)은 최초의 우주인이 됐다. 우주로 발사됐다니까 거창해 보이지만, 손으로 공을 던질 때나 우주선을 쏘아 올릴 때나 발사체의 운동에 숨은 원리는 다르지 않다. 탄도 미사일도 기본 법칙은 농구공이나 총알과 똑같다는 이야기다. 과연 어떤 원리가 숨어 있을까?

이 책에서는 화살의 과녁 명중과 위성의 궤도 진입에 숨겨진 수학과 **물리학**을 탐구함으로써 올라갔다 내려오는 발사체 운동을 자세히 알아볼 것이다. 그 과정에서 새총이나 캐터펄트, 로켓 같은 장치를 안전하게 손수 만들어 보고 실험도 수행할 것이다.

물체가 날아갈 거리와 떨어질 장소 등 경로 예측 방법도 배운다. **커브볼**이 휘어지는 까닭부터 총알의 정확도에 숨은 비밀까지, **공기 저항**과 회전 등이 발사체 비행에 미치는 영향도 알아본다. 탄도학은 발사체 운동 뒤에 숨겨진 수학과 물리학을 아주 흥미롭게 알아볼 수 있는 방법이다!

생각을 키우자!

고대인들은 왜 발사체를 더 멀리, 그리고 빨리 보내는 방법을 개발했을까? 이 같은 능력이 인간의 삶을 어떻게 개선했을까?

공학자처럼 생각하기

공학자들은 누구나 공책 한 권을 들고 다닌다. 각종 아이디어와 단계별 할 일을 기록하기 위해서다. 우리도 공책을 꺼내 들고 공학자처럼 탐구 활동을 해 보자. 공책에 알아낸 사실과 정보, 문제 해결 방법을 차근차근 적으면 된다. 아래 공학 설계 과정을 살짝 참고해도 좋지만, 똑같은 단계를 밟으려 일부러 애쓸 필요는 없다. 이 책의 탐구 활동에는 정해진 답도, 정해진 방법도 없으니까 말이다. 마음껏 창의력을 발휘하고 즐기면 그만이다.

공학 설계 과정

문제 　해결해야 할 문제는 무엇일까?

조사 　기존의 발명품이나 지식 가운데 문제 해결에 도움 될 장치나 정보가 있을까? 문제를 풀면 무엇을 배울 수 있을까?

질문 　장치가 갖춰야 할 특별한 조건이 있을까? 예를 들어 자동차가 필요하다면, 그 자동차는 일정한 속도 이상으로 달려야 한다.

브레인스토밍 　장치의 디자인을 많이 그려 보고 어떤 재료가 필요한지 적어 보자.

프로토타입 　브레인스토밍에서 그린 디자인대로 시제품을 만들어 보자. 시제품은 공학자의 아이디어를 시험해 볼 수 있는 모형이다.

검토 　시제품을 시험하고, 결과를 정리하자.

평가 　검토 결과를 분석하고 무엇을 수정해야 하는지 생각해 보자. 필요하다면, 시제품을 다시 만들어도 좋다.

이 같은 활동을 기록하는 공책을 앞으로 '공학자 공책'이라고 부르겠다. 공학자 공책에 본문 첫머리와 마지막에 반복해서 나오는 '생각을 키우자'에 대한 내 생각을 꼭 적어 보자.

주변의 발사체 찾기

화살과 총알뿐만 아니라 공은 물론이고 돌멩이까지 발사체가 될 수 있다. 그런데 완전히 다른 이 물체들은 발사 시 똑같이 움직일까? 아니면 서로 다른 움직임을 보일까? 서로 다른 물체 몇 개를 발사하고, 움직임을 관찰하라.

⚠ 사람이나 동물에게 발사체를 겨냥하거나 던져서는 안 된다. 실험 중에는 반드시 보안경을 착용하라.

1 〉발사하려면 무엇이 필요할까?
던지거나 발로 찰 수 있을까?
움직이는 장치가 필요할까?

2 〉발사체의 움직임은 어떤가?
비슷한 점과 다른 점을 살펴보자.

3 〉무엇이 발사체의 움직임을 멈추는가?
표적을 맞혔는가?
그냥 땅에 떨어졌는가?

이것도 해 보자!

온라인으로 '앵그리버드' 게임을 해 보고, 관찰 내용을 기록하라. 새총으로 발사체인 새를 쏘면 표적까지의 이동 경로를 볼 수 있다. 발사 각도와 새총을 당기는 정도에 따라 발사체의 비행과 경로가 어떻게 바뀌는가? '앵그리버드' 게임에서 발사체의 움직임을 보면서 무엇을 알아냈는가? 새의 비행 각도와 속도 중에 어느 쪽이 더 중요하다고 생각하는가?

17쪽　**추진력(thrust):** 물체를 밀어 앞으로 내보내는 힘.

18쪽　**물리학자(physicist):** 물질, 에너지, 운동을 포함한 물리적 힘과 이 힘들의 상호 작용을 연구하는 과학자.

18쪽　**역학(mechanics):** 물체의 운동에 관한 법칙을 연구하는 학문. 물리학의 한 분야다.

18쪽　**아리스토텔레스(Aristoteles):** 고대 그리스의 대학자. 물리학의 기초를 쌓고, 논리학을 만들었으며 철학자이자 정치학자기도 했다.

18쪽　**자연 상태(natural state):** 아리스토텔레스가 말한, 아무 힘도 작용하지 않을 때 물체가 행동하는 방식.

18쪽　**천문학(astronomy):** 태양, 달, 별, 행성, 우주를 연구하는 학문.

19쪽　**아이작 뉴턴(Isaac Newton):** 17세기 영국 과학자. 떨어지는 사과를 보고 '만유인력의 법칙'을 발견한 것으로 가장 유명하지만, 그 밖에도 많은 과학적 업적을 일구었다.

19쪽　**미적분학(calculus):** 수학의 한 분야. 함수 계산에 많이 쓰인다.

19쪽　**중력(gravity):** 물체가 서로 잡아당기는 힘. 또는 지구가 끌어당기는 힘.

20쪽　**마찰(friction):** 물체의 운동을 방해하는 힘.

20쪽　**관성(inertia):** 운동의 변화에 저항하려는 물체의 성질.

20쪽　**질량(mass):** 물체에 포함된 물질의 양.

22쪽　**가속(acceleration):** 점점 속도를 더함. 또는 그 속도.

22쪽　**감속(deceleration):** 속도를 줄임. 또는 그 속도.

22쪽　**속도(velocity):** 물체의 빠르기와 방향을 측정한 양.

23쪽　**비례(proportion):** 한쪽의 양이나 수가 증가하거나 감소할 때 그와 관련 있는 다른 쪽의 양이나 수도 증가하거나 감소함.

23쪽　**반비례(inverse proportion):** 다른 것이 감소한 것에 비례해서 증가하고, 증가한 것에 비례해서 감소함.

25쪽　**작용(action force):** 어떤 물체가 다른 물체에 가하는 힘.

25쪽　**반작용(reaction force):** 작용의 반대 방향으로 가해지는 힘.

25쪽　**반동(recoil):** 어떤 작용에 대하여 그 반대로 작용함.

28쪽　**접촉력(contact force):** 두 물체가 서로 닿을 때 발생하는 힘.

28쪽　**갈릴레오 갈릴레이(Galileo Galilei):** 르네상스 말기의 이탈리아 과학자. 관성의 법칙, 낙하 물체의 가속도가 일정하다는 사실 등을 밝혔다. 지동설을 지지해서 교황청으로부터 종교 재판을 받았다.

30쪽　**추론(deduction):** 추리나 증거에 의해 도출한 결론.

운동의 법칙

축구공이 붕 떠올라 학교 운동장 너머로 날아가다 전봇대에 맞아 떨어졌다. 이때 축구공을 날려 보낸 힘은, 또 멈추게 만든 힘은 무엇일까? 야구공은 저절로 외야의 담장 너머로 날아갈 수 없고, 골프공도 골프채로 치기 전까지 움직일 수 없다. 마찬가지로 음료수 깡통이 재활용 수거함으로 저절로 들어갈 수도 없고, 새총이 혼자 발사될 수도 없다. 무엇이든 움직이도록 하려면 힘을 가해야 한다. 그렇다면 우리도 힘을 가해 물체를 한 번 움직여 보자!

힘은 우리 주변 어디에나 있지만, 눈에 보이지 않는다. 오로지 그 영향만 보일 뿐이다. 스케이트보드 밀기나 수레 끌기처럼 단순한 것부터 제트엔진에서 나오는 **추진력**처럼 복잡한 것까지 종류도 다양하다. 하나의 물체를 정하고, 힘을 가해 보자. 어떤 일이 벌어지는가? 힘이 충분히 크다면 움직일 것이다. 계속 밀거나 당겨 보자. 계속 움직이는가? 아니면 결국 멈추는가?

생각을 키우자!

움직임을 제어하는 힘에는 어떤 것이 있는가? 이러한 힘이 없다면 우리의 삶은 어떨까?

⚙️ 역학: 운동 연구

모든 고대의 과학자와 철학자는 물체가 어떻게, 그리고 왜 움직이는지에 매료됐다. 이 초기 **물리학자**들은 주변 세상을 자세히 관찰하고 그 내용을 설명하려 애썼다. 이로써 운동과 힘을 연구하는 학문인 **역학**이 탄생했다.

그리스의 철학자이자 과학자인 **아리스토텔레스**(기원전 384~322)도 물리학, 수학, 생물학을 포함해 많은 분야의 과학을 연구했다. 아리스토텔레스는 주변 여러 물체의 움직임을 주의 깊게 관찰하고 난 뒤 관찰 내용을 설명하기 위한 운동 이론을 개발했는데, 이 이론에 따르면 모든 물체에는 각자 원하는 **자연 상태**가 존재한다. 물은 자연 상태가 '움직임'이기 때문에 흐르고, 돌은 자연 상태가 '정지'기 때문에 움직이지 않는달까. 아리스토텔레스는 자연 상태를 바꿀 때 힘이 필요하다고 믿었다. 자연 상태가 '정지'인 물체를 계속 움직이려면, 즉 운동시키려면 끝없이 힘을 가해야 한다고 생각한 것이다. 만약 힘을 가하지 않으면 물체는 다시 정지된 자연 상태로 되돌아간다.

> **힘을 느껴 봐!**
>
> SF에서 보는 그런 '힘'은 아니지만, 힘은 어디에나 존재한다. 지금 이 순간 우리에게 어떤 힘이 작용하는가? 머릿속에 떠오르는 힘은 몇 가지인가?
>
> 🔍 Ⓟ우리를 둘러싼 힘에 대해 설명하는 이 영상을 보면 아마 깜짝 놀랄 것이다!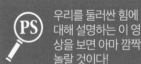
>
> 🔎 힘의 작용

> 💬 아리스토텔레스가 말한 자연 상태라는 개념은
> 주변에서 흔히 보는 현상을 이해하기 쉽게 설명하기 때문에 상당히 그럴듯하다. 💬

하늘의 운동

하늘을 관찰하는 일은 고대인이 천문 운동을 연구하던 최초의 방법 중 하나다. 고대인들은 태양과 달, 행성, 별의 움직임을 주의 깊게 관찰하고 기록함으로써 **천문학** 달력을 만들었다. 달력 덕에 중앙아메리카의 마야인은 언제 작물의 씨를 뿌릴지 결정할 수 있었고, 이집트인은 나일강 범람 시기를 예측할 수 있었다. 이 초기 달력은 어떤 모습일까? 오늘날에도 여전히 사용될까?

예를 들어 마차의 자연 상태는 멈춤, 정지 상태다. 마차가 움직이려면 말이 달림으로써 지속적으로 힘을 가해야 한다. 말이 멈추면 마차도 다시 정지된 자연 상태로 돌아가고, 운동을 멈춘다. 돌을 던질 때도 마찬가지다. 돌을 운동 상태로 만들려면 힘을 가해야만 한다. 하지만 던진 뒤에는 힘을 가할 수 없고, 이에 돌도 땅에 떨어져 다시 정지된 자연 상태로 되돌아간다.

이 같은 아리스토텔레스의 운동 이론은 거의 2000년 동안 물체가 어떻게, 왜 움직이는지를 설명하는 유일한 이론이었다. 사람들은 위대한 철학자이자 과학자인 아리스토텔레스의 운동 이론을 조금도 의심하지 않았다. 아주 긴 시간이 흘러 뉴턴이 운동에 관한 이 오래된 믿음에 문제 제기를 한 뒤에야 세상 사람들은 아리스토텔레스가 전적으로 옳지는 않다는 것을 깨달았다.

대리석으로 만든 아리스토텔레스 흉상. 기원전 330년 그리스의 리시포스가 만든 원조 청동상을 로마에서 복제.
출처: Ludovisi의 수집품

⚙ 뉴턴의 운동 제1 법칙

뉴턴의 운동 제1 법칙: 🖊

외부의 힘이 작용하지 않는 한, 정지한 물체는 정지 상태를 유지하고 움직이는 물체는 같은 속도와 방향으로 계속 움직인다.

영국 과학자 아이작 뉴턴(1643~1727)은 미적분학을 포함해 수학과 과학 분야에 길이 남을 많은 업적을 세웠다. 그중 가장 유명하고 중요한 업적을 꼽자면 분명히 운동과 중력에 관한 연구가 포함될 것이다. 뉴턴은 움직이는 물체는 멈출 만한 일이 발생하기 전까지 계속 움직이고, 정지한 물체는 움직일 만한 일이 생기기 전까지 전혀 움직이지 않는다고 생각했다. 이 생각이 뉴턴의 운동 제1 법칙이다.

얼핏 뉴턴의 운동 제1 법칙이 이상하게 여겨질 수도 있다. 어떻게 같은 방향으로 계속 움직인다는 말일까? 있는 힘껏 친 홈런공도 무조건 어딘가에 떨어지는데. 자전거도 페달을 밟다가 멈추면 느려지다가 끝내 멈춘다. 총알도 똑같다. 모든 발사체는 결국 멈춘다. 하지만 뉴턴은 외부에서 가해지는 다른 힘이 없다면 야구공이나 자전거나 총알이나 모두 계속 움직일 거라고 믿었다. 물체의 속력을 떨어뜨려 움직임을 멈추는 데 힘이 작용하리라 생각한 것이다.

물체에 작용해 움직임을 방해하는 힘은 대부분 **마찰**이다. 마찰은 두 물체가 서로 반대 방향으로 움직일 때 발생한다. 자전거 바퀴와 길 사이에 마찰이 있고 책과 책이 미끄러지는 책상 표면 사이에도 마찰이 있다. 마찰이 없다면 물체는 계속 같은 방향으로 움직일 것이다. 관성 때문이다.

관성이란 한마디로 운동의 변화에 대한 저항을 가리킨다. 자동차가 갑자기 멈출 때 몸이 앞으로 쏠렸던 경험이 있다면 무슨 말인지 이해할 수 있을 것이다. 사람의 몸도 관성을 지녀서 운동을 방해하는 외부의 힘이 가해지기 전까지는 하던 운동을 계속하려고 한다.

관성의 크기는 물체의 **질량**에 따라 달라진다. 질량은 물체를 구성하는 물질의 양이다. 아이스크림부터 코끼리까지 세상의 모든 것은 질량을 갖고 있고, 질량이 클수록 관성의 크기도 커진다. 관성은 볼링공을 축구

알·고·있·나·요·?

뉴턴의 운동 제1 법칙을 관성의 법칙이라고도 한다.

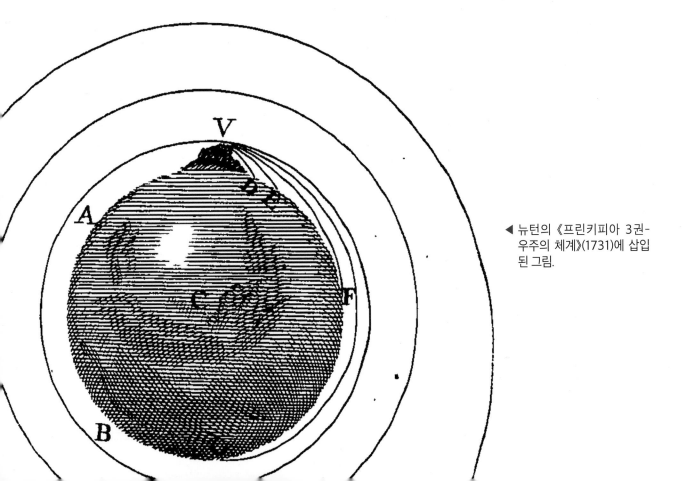

◀ 뉴턴의 《프린키피아 3권-우주의 체계》(1731)에 삽입된 그림.

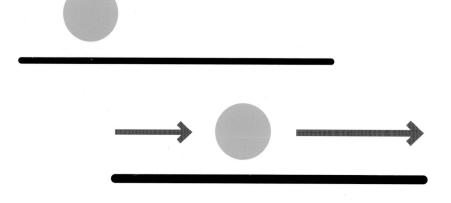

▲ 관성은 하던 운동을 계속하려는 운동의 성질이다.

공 차듯이 차면 안 되는 이유기도 하다. 볼링공은 축구공보다 질량이 훨씬 크다. 그러니 볼링공을 움직이려면 축구공을 움직일 때보다 훨씬 더 큰 힘이 필요하다. 덧붙여 볼링공을 축구공 차듯 발로 차면 몹시 아플 것이다! 아야!

**❝ 뉴턴의 운동 제1 법칙을 바꿔 말하면,
물체가 운동의 변화에 저항한다고 말할 수 있다. ❞**

땅에 붙어 있기

아이스스케이트를 타 본 적이 있는가? 아이스스케이트는 스케이트와 얼음 사이의 마찰이 거의 없어 미끄러지듯 탈 수 있다. 그런데 만약 달리기할 때도 그렇다면 어떨까? 운동화가 스케이트처럼 쭉쭉 미끄러진다면? 그렇다면 우리는 한 걸음 내딛자마자 나동그라질 것이다. 마찰력 덕분에 우리가 운동화를 신고 멀쩡히 걸어 다닐 수 있는 셈이다.

속력을 늘릴 때 물체는 가속 중이고, 줄일 때는 감속 중이다. 가속도는 속도의 변화율을 말한다. 공을 던질 때는 가속시키는 셈이고, 잡을 때는 감속시키는 셈이다. 가속도는 앞뒤, 위아래, 심지어 옆까지 어느 방향으로든 발생할 수 있다. 이때 물체를 어떻게 가속시킬지 결정하는 것은 무엇일까? 뉴턴은 이 문제와 씨름하다가 운동의 제2 법칙을 알아냈다.

속도

속도는 물체의 속력과 방향을 측정한 양이다. 야구에서 투수가 속구를 던질 때 공의 속력은 보통 약 160km/h이고, 속도 역시 포수가 있는 본루 쪽으로 160km/h다. 속도는 탄도학에서 매우 중요하다. 발사체가 어디로 향하고 얼마나 빨리 도착할지 알려 주기 때문이다.

▼ 사진을 보고 작용하는 힘을 모두 말해 보자.

⚙ 뉴턴의 운동 제2 법칙

뉴턴의 운동 제2 법칙: ✏

물체의 가속도는 해당 물체에 작용한 힘의 크기에 **비례**하고 그 물체의 질량에 **반비례**한다. 이때 가속도의 방향은 힘의 방향과 같다.

뉴턴의 운동 제2 법칙은 물체의 가속 방식이 딱 두 가지에 따라 달라진다고 말한다. 바로 물체의 질량과 해당 물체에 작용한 힘이다. 그렇다면 뉴턴의 운동 제2 법칙은 어떻게 작용할까?

힘을 세게 가할수록 물체를 더 많이 가속시킬 수 있지만, 물체의 질량이 커질수록 가속시키기도 힘들어지고, 움직이는 데도 더 큰 힘이 필요하다. 이를테면 쇼핑 카트에 많은 물건을 넣을수록 가속시킬

알·아·봅·시·다!

수학과 물리학에서 비례는 어떤 것이 증가할 때 다른 것도 증가함을 의미한다. 반대로 반비례는 어떤 것이 증가할 때 다른 것은 감소한다는 뜻이다. 비례하는 것들과 반비례하는 것들에는 무엇이 있을까?

때 더 많은 힘이 필요하다. 스케이트보드를 밀 때와 자동차를 밀 때를 생각해 보라. 스케이드보드를 밀 때와 똑같은 힘을 자동차에 가한다면 어떻게 될까? 자동차가 스케이트보드만큼 가속되지는 않을 것이다.

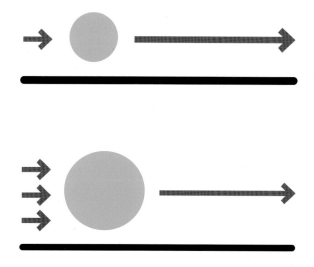

▲ 물체의 질량이 클수록 가속시키는 데도 더 많은 힘이 필요하다.

여기까지 읽었다면 왜 어떤 물체는 움직이고, 또 다른 물체는 움직이지 않는지 이해했을 것이다. 더불어 움직이는 물체들끼리 속도가 다른 이유도 알았으리라. 뉴턴에게 이제 남은 궁금증은 한 가지뿐이었다. 뉴턴은 공을 던지거나 찰 때 왜 팔이나 다리가 뒤로 밀리지 않고 공이 날아가는지, 화살이 명중한 과녁이 어째서 넘어지지 않는지도 알고 싶어 했다. 손 또는 발과 공, 화살과 과녁은 어떻게 움직이고 멈추는 것일까? 이 문제를 뉴턴의 운동 제3 법칙으로 해결해 보자.

양궁에서는 여러 힘이 중요한 역할을 한다.

⚙ 뉴턴의 운동 제3 법칙

뉴턴의 운동 제3 법칙: ✏

모든 **작용**(힘)에는 크기가 똑같고 방향은 반대인 **반작용**(힘)이 있다.

모든 물체는 상호 작용한다. 힘이 발생할 때 항상 쌍으로 작용한다는 뜻이다. 이를테면, 발로 축구공을 찰 때, 축구공도 발로 찬 반대 방향으로 똑같은 크기의 힘을 가한다. 발이 공을 차는 것은 작용이고, 작용을 되받아 공이 발을 밀어내는 것은 반작용이다. 그런데 왜 공을 던지거나 찰 때 발이 뒤로 밀리지 않고, 대신 축구공이 하늘 높이 날아가는 걸까? 서로 똑같은 크기의 힘이 작용하는데도 말이다. 여기서 뉴턴의 운동 제2 법칙을 떠올려야 한다. 제2 법칙에서 말하는 것처럼 가속도는 힘과 질량에 따라 달라진다. 같은 힘을 받는다면 최고로 많이 가속되는 물체는 질량이 가장 적은 쪽이다.

다시 공차기로 돌아와서, 공을 찰 때 발과 공에 작용한 힘의 크기는 같지만 질량은 서로 다르다. 사람에 비해 축구공은 질량이 훨씬 작다. 힘을 가하면 공은 발로 찬 방향으로 재빨리 가속된다. 공의 반작용은 사람을 반대 방향으로 가속시키지만, 사람은 질량이 크기 때문에 발의 빠르기를 거의 늦추지 못한다. 이해하기 쉽게 예를 들어 보겠다. 축구공보다 질량이 훨씬 큰, 딱딱한 볼링공을 발로 찬다면 무슨 일이 벌어질까? 아마도 눈물이 쏙 빠지게 아플 것이다. 그런 의미에서 뉴턴의 운동 제3 법칙은 축구공 차듯 볼링공을 차서는 안 된다는 교훈을 주는 법칙이기도 하다.

📡 **알·고·있·나·요·?**

하이파이브 하면 때때로 손바닥이 따갑다. 두 사람이 서로에게 힘을 가했기 때문이다.

크기는 같고 방향은 반대

크기가 같지만, 방향이 반대인 힘의 쌍은 어디에나 있다. 야구 방망이로 공을 때리면 방망이는 공에 작용을, 공은 방망이에 반작용을 가한다. 하지만 공의 질량이 방망이의 질량보다 작기 때문에 방망이를 휘두른 방향으로 공이 가속되는 것이다. 이때 반대 방향으로 작용하는 방망이의 가속도를 **반동**이라고 한다.

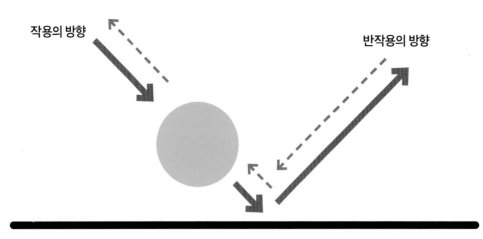

작용의 방향

반작용의 방향

▲ 한 물체가 다른 물체에 힘을 작용하면 동시에 다른 물체도 힘을 작용한 물체에
크기가 같고 방향이 반대인 반작용의 힘을 가한다.

⚙️ 굉장한 중력!

지금까지 물체를 움직이고 멈출 때 필요한 힘을 알아봤다. 그렇다면 물체가 움직이지 않을 때는 무슨 일이
일어날까? 그라운드로 떨어진 야구공이나 주차된 자동차에도 여전히 힘이 작용할까? 만약 작용하는 힘이 있
다면 그 힘은 무엇일까?

이 질문의 답은 바로 중력이다. 중력은 어디에나 존재한다. 행성이 항성 주위를 돌게 하는 것도, 블랙홀을 암
흑으로 만드는 것도 중력이다. 우리 별 지구에서 발을 헛디뎠을 때 넘어지는 것도 중력 때문이다. 위로 올라간
물체가 반드시 내려오게 만드는 것도 역시 마찬가지다. 눈에 보이지 않을 만큼 작은 원자부터 저 멀리 있는 은
하계까지 질량이 있는 것이라면 무엇이든 중력의 영향을 받는다.

질량과 무게

질량과 무게를 혼동하는 경우가 종종 있다. 질량은
물체가 얼마나 많은 물질로 이루어졌는지 측정한 것
이고 무게는 질량을 가진 물체를 중력이 얼마나 강
하게 끌어당기는지 측정한 것이다. 달에서 사람의
몸무게는 지구보다 1/6만큼 가벼워지지만, 질량은
똑같다!

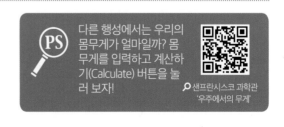

PS 다른 행성에서는 우리의
몸무게가 얼마일까? 몸
무게를 입력하고 계산하
기(Calculate) 버튼을 눌
러 보자!

🔍 샌프란시스코 과학관
'우주에서의 무게'

우리가 주변에서 흔히 보는 힘은 식료품 가게에서 쇼핑 카트를 끌거나 줄다리기할 때처럼 대부분 무엇인가를 밀고 당기는 힘이다. 이러한 힘을 **접촉력**이라고 한다. 접촉력은 물체가 서로 닿거나 물체를 만질 때 발생하지만, 중력은 다르다. 중력은 서로 닿지 않은 상태로도 작용한다. 멀리에서도 모든 것을 잡아당긴다. 심지어 지구에서 가장 멀리 있는 은하계까지도. 우주에 존재하는 거의 모든 것이 다른 것들에 힘을 가한다고 할 수 있다.

하지만 물체가 지닌 중력의 크기는 각기 다르다. 물체가 지닌 중력의 크기는 질량에 따라 달라지는데, 행성처럼 커다란 것들은 중력이 크지만, 농구공처럼 작은 것들은 아주 작다. 지구는 매우 크기 때문에 우리가 느끼는 지구의 끌어당기는 힘이 행성이 느끼는 사람의 끄는 힘보다 훨씬 강하다. 중력은 물체 사이의 거리에 따라서도 달라진다. 서로 멀리 있는 것보다 가까이 있는 물체들 사이에 작용하는 중력이 더 크다. 그래서 태양계 안의 별들이 다른 은하계의 별들보다 서로를 더 세게 끌어당긴다.

이 같은 중력의 독특한 특징은 여러 물리 법칙에 영향을 미쳤고, 이 때문에 사람들은 아주 오래전부터 중력을 연구해 왔다. 그러던 16세기의 어느 날, 이탈리아의 과학자이자 철학자인 **갈릴레오 갈릴레이(1564~1642)**가 중력에 관한 아주 중요한 사실을 발견했다. 바로 중력이 낙하하는 물체에 미치는 영향이다.

갈릴레이가 살던 시대, 사람들이 무거운 물체가 가벼운 물체보다 더 빨리 떨어진다고 믿었다. 이 사실을 실험해 보고 싶었던 갈릴레이는 이탈리아 피사의 사탑에 올라가 질량이 서로 다른 2개의 공을 떨어뜨렸다고 한다. 그다음 각 공이 땅에 떨어지는 데 걸리는 시간을 쟀는데, 실험 결과 두 공은 동시에 땅에 떨어졌다. 이야긴 즉슨, 낙하하는 물체의 가속도는 질량에 따라 달라지지 않는다는 뜻이다. 지구의 중력은 돌멩이든 사람이든 상관없이 물체를 같은 정도로 가속시킨다.

중력은 항상 존재하며 모든 것을 지구 쪽으로 끌어당긴다. 그렇다면 지금까지 살펴본 다른 운동 법칙과 힘

달의 중력

지구에서 약 386,000km 정도 떨어져 있지만 달의 중력은 지구와 지구 위의 모든 것을 끌어당긴다. 그런데 우리는 왜 달의 중력을 느끼지 못할까? 지구와 달이 아주 멀리 떨어져 있는데다 사람의 질량이 아주 작기 때문이다. 그래서 달의 인력을 알아채지 못하는 것

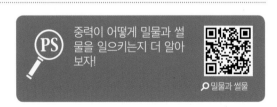

중력이 어떻게 밀물과 썰물을 일으키는지 더 알아보자!

🔍 밀물과 썰물

이다. 하지만 바다를 비롯해 지구에 있는 커다란 것들은 달의 인력을 느낀다. 바다의 밀물과 썰물도 지구 밖에서 태양과 달이 지구를 끊임없이 잡아당겨서 생기는 현상이다.

은 발사체의 움직임과 경로에 어떤 영향을 미칠까? 중력을 포함해서 운동을 제어하는 여러 힘은 모두 발사체가 하늘을 나는 방식에 영향을 미친다. 이제부터 몇 가지 발사체를 알아보고, 이것들이 어떻게 움직이는지 살펴보자.

생각을 키우자!

움직임을 제어하는 힘에는 어떤 것이 있는가? 이러한 힘이 없다면 우리의 삶은 어떨까?

운동의 힘 관찰하기

물체가 움직일 때 무슨 일이 일어나는지는 눈에 보이지 않지만, 다양한 움직임을 관찰함으로써 무슨 일이 일어났는지 **추론**할 수는 있다! 이런저런 표면에서 각기 다른 물체를 움직여 보자.

1〉 마룻바닥 또는 탁자처럼 넓고 판판한 표면을 찾아라. 쉽게 흠이 생기지 않는 튼튼한 표면이어야 한다.

2〉 공처럼 둥근 물체를 굴려 보자. 둥근 물체는 얼마나 멀리 갈까? 무엇인가가 그것을 멈추게 할까, 아니면 저절로 멈출까?

3〉 책처럼 납작한 물체를 밀어 보자. 둥근 물체와 움직임을 비교해 보라. 무엇인가가 그것을 멈추게 할까, 아니면 저절로 멈출까?

4〉 플라스틱 원통을 밀거나 굴려 보자. 먼저 빈 원통을 움직여 보라. 움직임이 어떤가? 앞의 두 물체와 비교해 보자. 이번에는 통에 물을 채우고 뚜껑을 꽉 닫은 다음 움직여 보자. 속이 비었을 때와 비교할 때 물로 채운 통은 어떻게 움직일까?

토론거리

- 물체의 운동을 방해해 멈추게 하는 것은 무엇일까? 그것이 모든 물체에 항상 똑같이 작용할까?
- 어떤 물체가 가장 빨리 멈출까? 그 이유는 무엇일까?
- 어떤 물체가 가장 멀리 갈까? 그 이유는 무엇일까?
- 물체마다 움직임이 다른 이유는 무엇일까?
- 운동의 형태(굴리기 또는 밀기)가 달라지면 움직임도 달라질까?
- 물체의 무게가 운동에 영향을 미칠까?
- 어떤 물체를 움직이는 데 힘이 가장 많이 들까? 또 어떤 물체를 움직이는 데 힘이 가장 적게 들까? 그 이유는 무엇일까?

이것도 해 보자!

여러 물체의 움직임을 살펴보자. 공을 움직이는 것과 멈추는 것은 무엇일까? 자전거나 스케이트보드의 움직임도 관찰하자.

뉴턴의 운동 제1 법칙

뉴턴의 운동 제1 법칙과 관성의 개념을 알면 놀라운 마술을 부릴 수 있다. 이 이론은 직접 손대지 않고도 컵 안에 동전을 넣는 데 도움을 준다.

1 〉 카드를 투명한 컵 위에 올려놓는다.
두께가 얇고, 컵 위에 올릴 수 있다면 굳이 카드가 아니어도 상관없다.

2 〉 카드 위에 동전을 1개 올려놓는다.
직접 손대지 않고 컵 안에 동전을 넣을 방법이 있을까?

3 〉 카드를 천천히 잡아당겨 보라. 카드를 아주 천천히 빼면 동전은 어떻게 될까? 시도해 볼 만한 다른 방법은 없을까?

4 〉 카드를 잽싸게 빼거나 쳐 보라. 동전은 어떻게 될까? 동전이 그냥 컵으로 떨어질 정도로 빠르게 카드를 빼낼 수 있을까? 카드의 빠르기는 왜 중요할까?

마술 부리는 관성

무대 위로 등장한 마술사가 식탁보를 빠르게 잡아당긴다. 식탁보가 사라진 뒤에도 식탁 위 각종 접시는 고스란히 자리에 놓여 있다. 이것은 아주 고전적인 마술로, 집에서도 얼마든지 할 수 있다. 플라스틱 접시와 종이컵으로 마술을 펼쳐 보라. 이 마술은 동전과 컵 실험과 비슷하다. 마술사가 사용한 운동의 법칙은 무엇일까?

토론거리

- 뉴턴의 운동 제1 법칙과 관성으로 무슨 일이 일어났는지 설명할 수 있을까?
- 어떤 힘이 동전을 컵 안으로 떨어뜨리는 것일까?

이것도 해 보자!

카드를 잽싸게 제거하면 카드가 가하는 힘보다 동전의 관성이 크기 때문에 동전이 카드와 함께 움직이기를 거부하고, 카드가 사라짐과 동시에 동전이 컵에 떨어진다. 주변 사람을 대상으로 손대지 않고 컵에 동전 넣는 방법을 알아내는지 시험해 보라. 힌트를 줄 필요는 없다.

뉴턴의 운동 제2 법칙

뉴턴의 운동 제2 법칙에 따르면, 가속도는 물체의 질량과 가해진 힘에 따라 달라진다. 눈으로도 제2 법칙을 확인할 수 있을까?

1 > **마트에서 빈 쇼핑 카트를 끌어 보자.** 방향을 바꿔 가며 여러 번 밀거나 당겨라. 밀 때와 당길 때 빈 카트의 움직임이 어떻게 다른지 느껴 보자.

2 > **물건 1, 2개를 쇼핑 카트에 넣는다.** 카트를 다시 움직이자. 이전과 움직임에 어떤 차이가 있을까?

3 > **쇼핑 카트를 더 많은 물건으로 채운다!** 가득 찬 쇼핑 카트의 움직임은 이전과 어떻게 다를까?

토론거리

• 쇼핑 카트를 밀면 어떻게 움직일까?
• 가장 밀기 쉬울 때와 힘들 때는 언제일까?
• 쇼핑 카트가 비었을 때와 꽉 찼을 때 중 어느 쪽이 가속시키기 더 쉬울까?
• 쇼핑 카트가 비었을 때와 꽉 찼을 때 중 어느 쪽이 멈추기 더 어려울까?
• 뉴턴의 법칙으로 이 같은 차이를 설명할 수 있을까?

이것도 해 보자!

쇼핑 카트에 바퀴가 없다면 밀기가 쉬워질까, 아니면 어려워질까? 바퀴 없는 카트를 찾아 같은 실험을 반복하고, 관찰 내용을 말해 보라.

뉴턴의 운동 제3 법칙

뉴턴의 운동 제3 법칙에 따르면 모든 작용에는 크기가 같고, 방향이 반대인 반작용이 있다. 직접 실험해 보자!

1 > 풍선을 분다. 그다음 서류용 집게나 빨래집게로 풍선 입구를 막아라. 풍선 입구를 묶어서는 안 된다.

2 > 작은 장난감 자동차에 풍선을 부착하라. 풍선 주둥이가 장난감 자동차를 움직이려는 방향의 반대로 향하게 하자. 테이프로 자동차에 풍선을 단단히 붙여라.

3 > 움직이고자 하는 방향으로 자동차를 놓는다. 자동차가 나아갈 길을 깨끗이 치워라! 아무것도 자동차의 움직임을 방해해서는 안 된다.

4 > 풍선 입구를 막은 집게를 빼라. 이제 차의 움직임을 관찰하라!

토론거리

- 집게를 제거하면 무슨 일이 일어날까?
- 자동차의 이동 방향과 비교해 공기의 이동 방향은 어느 쪽일까?
- 공기의 분출 방향과 비교해 자동차는 어느 방향으로 움직일까?
- 뉴턴의 운동 제3 법칙을 이 실험으로 어떻게 설명할 수 있을까?

이것도 해 보자!

풍선 안의 공기 양이 바뀌면 자동차의 가속도는 어떻게 달라질까? 다양한 크기와 모양의 풍선으로 실험해 보라. 풍선의 크기와 모양이 자동차의 움직임에 미치는 영향은 무엇일까? 바닥은 자동차의 빠르기와 이동 거리에 어떤 영향을 미칠까?

탐·구·활·동

피사의 실험, 첫 번째

16세기 후반, 갈릴레이는 피사의 사탑 꼭대기에서 질량이 다른 2개의 공을 떨어뜨리는 실험을 했다. 무거운 물체가 가벼운 물체보다 정말 더 빨리 낙하하는지 알아내기 위한 실험이었다. 정말 무거운 물체가 가벼운 물체보다 더 빨리 떨어질까? 크기는 같지만 질량이 다른 공 2개를 실험에 사용하라.

1 〉 공 떨어뜨리기에 적당하고, 안전한 높이를 찾아라. 물체가 떨어지는 바닥을 포함해 아무것도 망가지지 않도록 주의하라.

2 〉 동영상으로 실험을 녹화하자. 공 때문에 망가지지 않도록 카메라를 충분히 멀리 설치하라.

3 〉 공 2개를 동시에 떨어뜨린다. 꼭 안전한 높이에서 떨어뜨려라.

4 〉 공학자 공책에 각 실험 결과를 수치로 적어 무슨 일이 일어났는지 기록하라. 공 2개를 동시에 떨어뜨리면 무슨 일이 일어날까?

5 〉 실험을 여러 번 반복하자! 반복 실험으로 일관된 결과를 얻는 것이 중요하다.

6 〉 공이 어떻게 떨어지는지 주의 깊게 관찰하라. 슬로 모션 촬영이 가능하다면 사용하라!

7 〉 공학자 공책에 실험 결과를 기록한다. 공은 어떻게 떨어질까? 공 하나가 다른 것보다 먼저 떨어질까? 아니면 두 공이 동시에 떨어질까?

알·고·있·나·요·?

갈릴레이가 피사의 사탑에서 정말로 실험을 했는지는 아무도 모르지만, 그 탑이 기울어진 것은 사실이다. 갈릴레이의 실험 일화는 갈릴레이의 제자였던 비비아니가 지어낸 것이라고 한다. 실제로 이 실험은 1586년 네덜란드의 수학자 겸 물리학자인 시몬 스테빈이 한 것으로 알려져 있다.

PS 피사의 사탑이 완전히 넘어지지 않는 이유는 무엇일까?

🔍 피사의 사탑이 무너지지 않는 이유

토론거리

- 공 하나가 다른 공보다 먼저 떨어진다면 이유가 무엇일까?
- 두 공이 동시에 떨어진다면 이유가 무엇일까?

아래를 조심해!

공기는 낙하 물체에 마찰력을 가한다. 이 사실은 피사의 실험 결과에 영향을 미칠 수 있다. 만약 공기가 없다면 어떨까? 볼링공이나 깃털을 떨어뜨리기 위해 달로 여행을 떠날 수는 없지만, 공기가 없는 방에 들어갈 수는 있다!

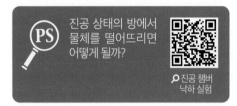

진공 상태의 방에서 물체를 떨어뜨리면 어떻게 될까?

🔍 진공 챔버 낙하 실험

이것도 해 보자!

질량은 같지만 크기가 다른 공이나 물체로 위 실험을 반복해 보자. 어떤 결과가 나올까? 결과가 다르다면 왜 그럴까? 똑같다면 그 이유는 무엇일까? 질량은 같지만 모양이 다른 물체의 경우는 어떨까?
갈릴레이의 실험은 중력이 모든 것을 아래쪽으로, 동일한 속력으로 가속한다는 것을 보여 준다. 물체의 질량은 상관없다. 볼링공과 농구공을 같은 높이에서 동시에 떨어뜨리면 동시에 땅에 떨어진다. 공을 차든 화살을 쏘든 로켓을 발사하든 상관없이 중력은 모두 똑같이 작용한다.

37쪽 **탄도(trajectory)**: 발사된 물체가 목표에 이르기까지 그리는 곡선 경로.

37쪽 **수직(vertical)**: 위아래로 곧은.

37쪽 **수평(horizontal)**: 전후좌우로 곧은.

38쪽 **탄도 궤도(ballistic trajectory)**: 중력이나 공기 저항의 영향만 받으며 움직이는 비행체의 운동 경로.

38쪽 **경로(path)**: 지나는 길.

38쪽 **포물선(parabola)**: 물체가 날아갈 때 그리는 반원 모양의 곡선.

40쪽 **속력(rate)**: 속도의 크기. 또는 속도를 이루는 힘. 어떤 것의 단위 시간당 빠르기이기도 하다. km/h나 m/s로 나타낸다.

40쪽 **고각 궤도(lofted)**: 표준 각도보다 높게 발사한. 탄도 미사일을 높은 각으로 쏘아 올려 더 큰 에너지로 착륙 지점에 떨어
       뜨리는 발사 기법을 가리키기도 한다.

41쪽 **수직 항력(normal force)**: 물체에 대해 지면으로부터 위쪽으로 작용하는 저항력.

42쪽 **비스듬히(at an angle)**: 수평이나 수직이 아니라 한쪽으로 기운 듯하게.

42쪽 **자유 낙하(free fall)**: 중력만 유일하게 작용할 때 움직이는 물체의 운동.

42쪽 **독립적(independent)**: 다른 것으로부터 영향을 받지 않는.

44쪽 **최대 높이(maximum height)**: 중력이 발사체의 수직 속도를 0으로 떨어뜨려 발사체가 위로 올라가지도 아래로 떨어지
       지도 않는 순간의 높이.

44쪽 **변수(variable)**: 수학에서 바뀔 수 있는 정보를 담은 기호.

45쪽 **도달 거리(range)**: 발사체가 수평으로 이동한 거리.

46쪽 **최대 도달 거리(maximum range)**: 발사체가 수평으로 이동한 최대 거리.

47쪽 **평행(parallel)**: 두 선이 항상 같은 거리를 유지하는 상태.

47쪽 **직각(perpendicular)**: 다른 선이나 표면에 대해 90°로 각을 이룸.

53쪽 **알베르트 아인슈타인(Albert Einstein)**: 독일 태생의 미국 이론 물리학자. '상대성 원리'를 발표한 것으로 가장 유명하다.
       1921년에 노벨 물리학상을 받았다.

발사체 운동

농구공이 골대로 휙 날아갔다가 백보드를 맞고 튕긴다. 상대 팀 선수가 잽싸게 공을 낚아채 드리블하자 우리 팀 선수가 다시 공을 빼앗는다. 이 모든 순간 농구공의 움직임은 각각 다르다. 축구나 야구에서도 마찬가지다. 땅볼과 뜬 볼의 움직임을 생각해 보라. 평지와 경사로에서의 스케이트보드 경로도 다르지 않다. 이 모든 것은 각기 다른 탄도를 갖는다. 그런데 탄도가 대체 뭘까?

탄도는 물체가 움직일 때 지나는 길을 가리킨다. 드리블하는 농구공은 위아래로만 움직이니까 직선 탄도를 갖는다. 땅볼처럼 바닥을 구르는 공도 한 방향으로만 움직이니까 직선 탄도를 갖는다. 이때 드리블하는 농구공은 위아래로만 운동하는 수직 운동의, 땅볼은 위아래 운동 없이 전후좌우로만 움직이는 수평 운동의 예다.

생각을 키우자!

발사체가 여행한 높이와 거리를 알면 언제 유용할까? 그리고 수직 또는 수평으로만 움직이는 물체로는 어떤 것들이 있을까?

오로지 수평 운동 또는 수직 운동만 할 경우에는 발사체가 직선 탄도를 따르지만, 그런 경우는 흔치 않다. 발사체는 수평 운동과 수직 운동을 함께하는 경우가 훨씬 많다. 야구공을 떠올려 보라. 야구공은 하늘 높이 떴다가 수비수의 글러브나 외야의 담 너머로 떨어진다. 화살도 허공에서 살짝 위로 솟았다가 다시 아래로 떨어지면서 결국 과녁에 명중한다. 야구공이 홈런일지 아웃일지, 화살이 명중할지 아닐지를 정할 때는 수평 운동과 수직 운동이 함께 영향을 미친다.

여기서 고민해 봐야 할 문제가 있다. 뉴턴의 운동 제1 법칙에 따르면 일단 던져진 야구공은 속력을 유지하면서 직선으로 운동해야 한다. 던질 때는 공에 힘을 가하지만, 일단 던지고 나면 더 이상 힘을 가할 수 없기 때문이다. 그런데 야구공은 왜 직선 탄도를 갖지 않고 수평 운동과 수직 운동을 같이하는 것일까?

투수의 손에서 떠난 뒤, 야구공에는 어떤 힘이 작용할까?

⚙ 탄도 운동

탄도학과 발사체 운동에서는 중력이 가장 중요하다. 야구공의 경우, 손에서 떠나는 순간부터 중력만이 공에 작용하는 유일한 힘이다. 화살, 총알, 로켓의 경우도 마찬가지다. 발사체에 작용하는 유일한 힘이 중력일 때, 중력은 발사체를 아래쪽으로 끌어당긴다. **탄도 궤도**로 **경로**를 휘어지게 만드는 셈이다. 이로써 발사체는 탄도 운동을 하게 된다. 탄도 궤도의 모양을 **포물선**이라고 하는데, 포물선은 미식축구에서 발로 높이 차올려 넘겨 준 공의 경로처럼 위로 길쭉할 수도 있고 총알의 경로처럼 거의 수평일 수도 있다.

❝ 포물선은 수평 운동과 수직 운동, 두 운동이 조합된 결과다. ❞

수평 운동과 수직 운동은 발사체의 운동에 과연 어떤 영향을 미칠까? 각각 영향을 미칠까, 아니면 서로 간섭하며 영향을 미칠까? 지금부터 탄도학에서 수평 운동과 수직 운동이 발사체의 운동에 미치는 영향을 이해하기 위해 각각 구분해서 살펴보자.

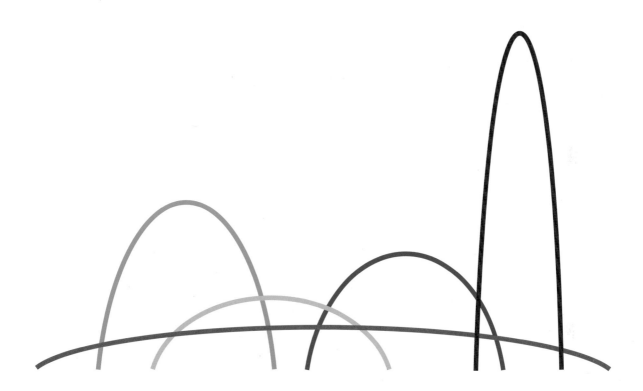

강력한 포물선

포물선을 발사체 운동에서만 찾을 수 있는 것은 아니다. 밤에 도로를 밝혀 주는 자동차 헤드라이트 안의 거울도 포물선 모양이다. 포물선은 더 가볍고 튼튼한 다리 만들기에도 이용된다. 또 어디서 이 장대한 모양을 볼 수 있을까? 물도 포물선 경로를 따른다! 물 분사기나 호스가 있으면 물이 탄도 궤도로 땅에 떨어지는 것을 확인할 수 있다! 실생활에서 여러 포물선을 찾아보자.

⚙ 수평 운동

전후좌우의 수평 운동은 우리 주변에서 흔히 볼 수 있다. 방바닥을 데굴데굴 굴러가는 공, 마루 위로 쭉 미끄러지는 양말, 평지를 달리는 자동차, 일정 고도에 도달해 비행하는 항공기 등의 움직임이 바로 수평 운동이다. 수평 운동은 움직임이 단순해 물체의 **속력** 계산도 쉽다. 뉴턴의 운동 제1 법칙이 적용되기 때문이다. 다른 힘을 가해 속도를 바꾸지 않는다면 움직이는 공은 같은 속력과 방향으로 계속 움직일 것이다.

> ❝ 벽이나 신발에 부딪히지 않는다면
> 공의 움직임을 방해해 멈추는 힘은 마찰력일 것이다. ❞

그렇다면 **고각 궤도**의 야구공이나 화살은 어떨까? 땅바닥과의 마찰이 없으니 뉴턴의 운동 제1 법칙에 따라 같은 속도와 방향을 영원히 유지할까? 뉴턴의 운동 법칙만 따른다면 그렇겠지만, 실제로는 그렇지 않다. 발사 후에는 물체에 가해지는 힘이 없기 때문에 야수의 글러브나 과녁 같은 장해물이 나타날 때까지 발사체의 수평 속도는 그대로 유지되지만, 높게 발사된 야구공이나 화살은 수평 운동만 하는 것이 아니다.

높게 발사된 발사체는 수평 운동뿐만 아니라 수직 운동도 함께한다. 바로 중력 때문이다. 중력은 수직 운동하는 발사체를 끝없이 아래쪽으로 잡아당긴다. 이 때문에 위로 올라간 것은 반드시 아래로 내려올 수밖에 없다. 중력이 수직으로 운동하는 화살의 비행을 끝내고, 야구공을 땅바닥으로 떨어뜨리는 셈이다.

마찰에 관한 사실

마찰에는 두 가지 기본 형태가 있다. 정지 마찰은 주차된 자동차같이 물체가 표면 위에 정지해 있을 때 발생한다. 운동 마찰은 물체가 움직일 때 일어난다. 눈 위를 미끄러지는 썰매나 땅 위를 굴러가는 공이 운동 마찰의 예다.

⚙️ 수직 운동

수직 운동은 농구공 드리블이나 승강기 탑승 시 경험할 수 있다. 책상에서 책이 떨어지는 것도 수직 운동의 한 종류다. 그런데 뉴턴의 운동 제1 법칙에 따르면 책은 바닥에 떨어지는 것이 아니라 원래 자리에 그대로 있어야 한다. 위나 아래로 밀지 않으니, 힘을 가했다고 볼 수 없지 않은가? 그런데 힘을 전혀 가하지 않고 그냥 떨어뜨리기만 해도 책은 수직 운동을 한다. 왜 그럴까?

물체는 손에서 떠나자마자 바닥 같은 방해물이 나타날 때까지 떨어진다. 중력 때문이다. 중력은 떨어지는 것이 무엇이든 손에서 놓자마자 그것을 가속시킨다. 아니, 좀 더 정확히 중력은 모든 것을 아래쪽으로 잡아당겨 주저앉히려고 한다. 우리가 의자에 앉아 있을 때도 마찬가지다. 의자라는 방해물 때문에 중력이 우리를 자빠뜨리지 못할 뿐이다. 그런 의미에서 물체를 그냥 잡고만 있어도 우리는 떨어지지 않도록 힘을 가하는 셈이다. 이 힘을 **수직 항력**이라고 한다.

📡 **알·고·있·나·요·?**

농구 선수는 종종 제자리 뛰기 기록을 측정한다. 그것으로 농구 선수가 중력에 저항해 얼마나 높이 뛸 수 있는지 알 수 있다!

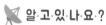 중력은 작용이고 의자가 수직 항력을 가하는 것은 반작용이다! 〟

갈릴레이의 실험 덕분에 우리는 이제 중력이 모든 것을 균일하게 가속시킨다는 사실을 알고 있다. 피아노와 피클은 질량과 상관없이 같은 속력으로 떨어진다. 이때 중력이 물체를 얼마만큼 가속시키는지 알면 발사체 운동 이해에 도움을 받을 수 있다.

물체가 수직으로 움직이든, 수평으로 움직이든 그 움직임과 상관없이 중력은 항상 지구 중심 방향으로 물체를 잡아당긴다. 공을 곧바로 위로 던져 보라. 아무리 수직으로 높이 던져도 중력 탓에 속력이 줄어들다 결국 바닥으로 떨어진다. 중력이 공을 지구 중심 쪽으로 잡아당기기 때문이다.

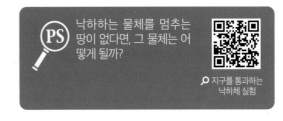

낙하하는 물체를 멈추는 땅이 없다면, 그 물체는 어떻게 될까?

🔍 지구를 통과하는 낙하체 실험

그러므로 홈런을 치려면 수직 운동과 수평 운동이 조화되도록 야구공을 때려야 한다. 그러려면 공을 비스듬히 올려쳐야 한다. 비스듬히 발사돼야 발사체가 수직 운동과 수평 운동을 함께하기 때문이다. 양궁의 예를 들면, 화살은 과녁 쪽으로 수평 운동을 하고 중력은 화살의 수직 운동을 가속한다.

❝ 그렇다면 수직 운동과 수평 운동은 서로 독립적일까?
아니면 하나가 다른 하나에 영향을 미칠까? ❞

⚙ 낙하 실험

바닥과 평행하게 새총으로 동전을 쏘는 동시에 다른 동전 하나를 새총과 같은 높이에서 떨어뜨려 보라. 새총으로 쏜 동전은 동시에 수평 운동과 수직 운동을 하고, 떨어뜨리는 동전은 수직 운동만 한다. 이 경우에도 갈릴레이의 실험 결과가 적용될까? 새총으로 쏜 동전이 더 긴 거리를 움직이니까 떨어뜨린 동전보다 땅에 떨어지는 데 더 오래 걸릴까?

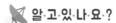

📡 **알·고·있·나·요·?**

급강하하는 스카이다이버처럼 무엇이 떨어지는 것을 때때로 **자유 낙하**한다고 말한다. 자유 낙하는 일정한 높이에서 정지한 물체가 중력의 작용만으로 떨어질 때의 운동이다.

❝ 2개의 동전은 동시에 땅에 떨어진다!
수평 운동과 수직 운동은 서로 독립적, 즉 별개기 때문이다. ❞

▲ 델타 II 로켓이 비스듬히 발사돼 밤하늘에 둥근 활모양을 그린다. 포물선 모양이 보이는가? 이 사진에서 찾을 수 있는 운동에는 또 어떤 것이 있을까?
출처: NASA/Bill Ingalls

새총에서 발사된 동전은 새총과 같은 높이에서 그냥 떨어뜨린 동전과 동시에 땅에 떨어진다! 발사체가 비스듬히 발사될 때 수평 속도는 비행 내내 그대로지만, 수직 속도는 계속 변하기 때문이다. 중력은 발사체가 수평 운동을 하든 하지 않든 상관하지 않는다. 모든 것을 같은 방식으로 잡아당긴다.

이 사실, 그러니까 발사체의 수평 운동과 수직 운동이 독립적이라는 사실 덕분에 우리는 발사체의 탄도 운동에 대한 흥미로운 사실을 몇 가지 알아낼 수 있다. 얼마나 높이, 그리고 멀리 던질 수 있는지 계산할 수 있게 된 것이다. 도대체 그게 왜 흥미로운 사실이냐고?

⚙️ 얼마나 높이 던질 수 있는가?

야구공을 외야로 멀리 날려 보내는 경우를 상상해 보자. 비행 초기 공중으로 날아오르던 공은 중력 때문에 점점 느려지다 어느 찰나 위로 올라가지도 아래로 떨어지지도 않는다. 이 지점을 정점이라고 하고, 정점에서의 높이가 발사체의 최대 높이다.

최대 높이에서부터 중력은 아래로 계속 공을 가속시키고, 땅에 떨어지거나 야수의 글러브에 잡히면서 야구공의 여행은 끝난다. 공이 올라간 최대 높이는 얼마일까? 중력 가속도의 값을 알고 있다면, 공이 포물선의 정점에서 떨어지기까지 걸린 시간으로 그 최대 높이를 알아낼 수 있다. 아래 방정식으로 간단히 계산해 보자.

$$h = \frac{1}{2} \times g \times t^2$$

h = 공의 높이(단위: m)

g = 중력으로 인한 가속도. 지구 표면 근처에서의 값은 9.8m/s²이다.

t = 공이 최대 높이에서 땅에 떨어지기까지 걸린 시간(단위: s)

어려워 보인다고? 아니다. 누구나 할 수 있다! 야구공이 6초간 공중에 떠 있었다고 가정하자. 이것은 곧 공이 위로 올라가는 데 3초, 내려오는 데 3초가 걸렸다는 말이다. 공이 올라간 높이는 얼마일까?

① 시간 t를 2번 곱한다: 3×3=9

② 그다음, 위 결과에 중력 가속도 g를 곱한다(g의 값은 9.8이다): 9×9.8=88.2

③ 마지막으로, 위에서 얻은 결과를 2로 나눠 공의 높이인 h 값을 구한다: 88.2÷2=44.1

공이 6초 동안 공중에 떠 있었다면 약 44m 높이까지 올라간 셈이다. 발사체가 공중에 얼마나 떠 있었는지만 알면 어떤 발사체에 대해서도 알아낼 수 있는 정보다. 지구의 중력은 항상 같은 비율로 물체를 가속시키니까 말이다.

 알·고·있·나·요·?

방정식에서 h나 g 같은 문자를 보고 겁먹지 마라! 이것은 **변수**일 뿐이다. 변수는 아직 모르지만 앞으로 알아낼 값이 들어갈 위치다.

발사체의 비행과 관련한 이런 방정식들의 답을 찾아낼 수 있다면, 양궁 대회 참가나 농구팀 입단 시에도 매우 유용할 것이다. 농구공의 탄도를 알아내느라 경기를 중단하지는 않더라도, 미리 공부해 두면 득점 슛을 더 잘 던질 수 있지 않겠는가?

⚙️ 얼마나 멀리?

발사체의 높이를 알아냈으니 이제 발사체가 얼마나 멀리 가는지 알아보자. 발사체가 수평으로 여행한 거리를 **도달 거리**라고 하는데, 도달 거리를 알아내기란 어렵지 않다. 충분히 긴 줄자만 있다면 간단하게 측정할 수 있다. 하지만 두 가지 정보만 알면 야구공이나 화살의 도달 거리를 손쉽게 계산할 수 있다. 첫째는 발사체가 공중에 머문 시간, 둘째는 수평 속도다. 수평 속도와 비행시간을 아는 경우 발사체의 도달 거리를 알아내는 데 사용할 수 있는 방정식은 아래와 같다.

$$d = r \times t$$

d = 수평 거리 또는 도달 거리(단위: m)
r = 속력 또는 수평 속도(단위: m/s)
t = 비행시간(단위: s)

비스듬히 찬 축구공이 3m/s의 수평 속도로 날아가다가 운동장에 떨어졌다고 치자. 초시계로 공이 공중에 총 8초 동안 머물렀음을 알아냈다. 공이 이동한 거리는 얼마일까? 수평 속도(r)에 비행시간(t)을 곱하면 거리(d)를 구할 수 있다.

$$3 \times 8 = 24$$

공이 수평 방향으로 이동한 거리는 24m다! 이렇게 공식을 쓸 수 있는 까닭은 발사체의 수평 속도가 공이 땅에 떨어지거나 화살이 과녁에 꽂히는 등 바꾸려는 힘이 작용하지 않는 한 일정하게 유지되기 때문이다.

⚙ 발사 각도

발사체의 높이와 도달 거리를 알아내는 방법처럼 발사체를 가장 멀리 날려 보낼 방법도 수학으로 미리 알아낼 수 있을까? 당연히 알아낼 수 있다. 이때 발사체가 움직일 수 있는 가장 먼 이동 거리를 **최대 도달 거리**라고 한다. 그런데 최대 도달 거리를 알면 무엇이 좋을까?

궁수부대를 이끌고 적과 맞서고 있다면 공격 개시 직전 적에게서 가능한 한 멀어지고 싶을 것이다. 그러려면 최대 도달 거리를 알아야만 한다.

최대 도달 거리를 확보하는 가장 좋은 방법은 화살을 45°로 발사하는 것이다. 발사체는 대개 0°에서 90° 사이에서 수평 또는 수직으로 발사된다. 수평은 0°로 지면에 **평행**하고 수직은 90°로 지면과 **직각**을 이룬다. 그런

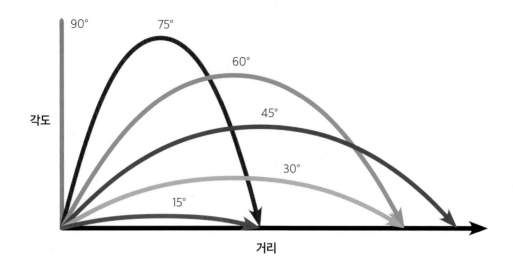

각도

거리

15° 30° 45° 60° 75° 90°

데 앞을 향해 지면에 평행하도록 화살을 쏜다면, 적에게 닿기 훨씬 전에 중력이 화살을 땅 쪽으로 떨어뜨릴 것이다. 그렇다고 지면과 직각이 되도록 머리 위로 활을 쏘면 화살이 자기편 궁수에게 다시 그대로 떨어질 테고.

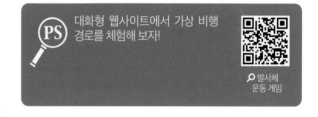

대화형 웹사이트에서 가상 비행 경로를 체험해 보자!

🔍 발사체
운동 게임

최대 도달 거리를 구하려면 발사체에 작용하는 힘의 반은 수직 운동, 나머지 반은 수평 운동으로 가게끔 해야 한다. 둘 사이의 힘이 같아야 발사체가 최대 도달 거리를 갖게 되니까 말이다. 그렇게 되려면 수직과 수평의 중간쯤인 45°로 화살을 쏴야 한다.

지금까지 발사체에 영향을 미치는 다양한 힘에 대해 자세히 살펴봤다. 그러니 이제부터 발사체를 더 멀리, 더 빨리 날려 보내기 위해 사람들이 사용해 온 몇 가지 도구와 기술을 알아보자.

🌱 생각을 키우자!

발사체가 여행한 높이와 거리를 알면 언제 유용할까? 그리고 수직 또는 수평으로만 움직이는 물체로는 어떤 것들이 있을까?

수평 속도 알아내기

거리 이동에 걸리는 시간을 알면 물체의 수평 속도를 계산할 수 있다. 원통형 관을 비스듬히 받쳐놓고, 그 관에 공을 굴려 실험해 보자. 여러 번 실험을 반복하고, 공이 굴러가는 시간을 초시계로 재면 구슬의 평균 수평 속도도 얻을 수 있다.

1 > **평평한 탁자 한쪽 끝에 책을 쌓아 놓고, 책더미 끝에 다 쓴 키친타월 심 등으로 만든 관을 테이프로 붙이자.** 책 더미 대신 12~15cm 높이의 작은 상자도 괜찮다. 종이 관의 다른 끝은 탁자에 붙인다. 종이 관이 꺾이지 않게 최대한 조심하라.

2 > **종이 관 아래쪽에서 약 0.6m 떨어진 거리에 테이프 조각을 붙이자.** 관을 통과한 공이 이 테이프 조각을 지나가야 한다.

3 > **종이 관에 구슬이나 공을 살며시 내려놓아라.** 밀지 말고 그냥 굴러가도록 두자.

4 > **구슬이 탁자에 떨어질 때 초시계를 작동시킨다.** 구슬이 테이프 조각을 지날 때 초시계를 멈춰라. 관찰 내용은 공학자 공책에 기록해야 한다.

5 > **같은 실험을 여러 번 반복하라.** 실험할 때마다 공의 빠르기를 다음 속력 공식으로, 초당 미터(m/s) 단위로 계산한다.

6 > **거리(d)를 시간(t)으로 나눠 속력(r)을 구하라. :** $r = d \div t$

7 > **이제 모든 실험에 대한 속력을 계산하라.** 그다음 구한 속력을 모두 더한다.

8 > **실험 횟수로 속력의 합을 나눈다.**

9 > **결과를 기록한다!** 이 값이 구슬의 평균 속력이다.

- 각 실험에서 얻은 속력 값은 서로 얼마나 비슷할까?
- 실험에서 구슬의 속력을 바꾼 요인은 무엇일까?
- 종이 관을 사용하는 것이 손으로 구슬을 굴리는 것보다 나을까?
- 관 속의 구슬에는 어떤 힘이 작용할까? 또 관에서 나온 구슬에는 어떤 힘이 작용할까?
- 충분히 큰 탁자 위에서라면 구슬은 얼마나 멀리 갈까?
- 탁자 대신 카펫이나 러그 위에서 했다면 실험 결과가 달랐을까?

이것도 해 보자!

질량이 다른 구슬이나 공으로 똑같은 실험을 해 보라. 공의 질량이 속력에 영향을 미칠까? 그렇다면 왜 그럴까? 그렇지 않다면 이유가 무엇일까? 이번에는 종이 관의 기울기를 바꿔 보자. 기울기 변화가 공의 속력에 영향을 미칠까? 영향을 미친다면 왜 그럴까? 아니라면 그 이유는 무엇일까?

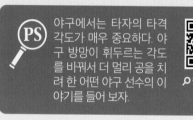

 야구에서는 타자의 타격 각도가 매우 중요하다. 야구 방망이 휘두르는 각도를 바꿔서 더 멀리 공을 치려 한 어떤 야구 선수의 이야기를 들어 보자.

🔍 윌 마이어스 발사각

탐·구·활·동

대단한 중력!

중력은 낙하 물체를 지구 중심으로 끌어당긴다. 그렇다면 중력은 낙하하는 물체를 얼마만큼 가속시킬까? 수학으로 알아보자!

1 > **낙하 높이를 선택하라.** 적어도 1m는 돼야 한다. 매번 같은 곳에서 떨어뜨려야 하니 높이를 정확하게 측정하고, 공학자 공책에 기록하자.

2 > **선택한 높이에서 물체를 떨어뜨리자.** 물체가 바닥까지 떨어지는 데 얼마나 걸리는지 초 단위로 정확하게 시간을 측정하라.

3 > **같은 물체를 5번 이상 떨어뜨려라.** 바닥에 떨어지는 데 걸리는 시간을 기록하고, 평균 낙하 시간을 초 단위로 계산한다.

4 > **같은 낙하 높이에서 질량이 다른 물체 2개로 더 실험한다.** 각각 5번 이상 실험하고 결과를 기록한다!

5 > **다음 공식으로 중력 가속도를 계산하라.** 공학자 공책에 결과를 기록하라.

> ### 알·고·있·나·요·?
> 지구로 떨어지는 모든 것은 같은 비율(9.8m/s²)로 가속된다. 그래서 물리학자들은 소문자 'g'로 중력가속도를 나타낸다. 이렇게 하면 매번 9.8m/s²이라고 쓰는 것보다 다루기가 쉽다!

$$a = 2d \div t^2$$

d = 낙하 거리(단위: m)

t = 평균 낙하 시간(단위: 초)

a = 중력으로 인한 가속도

* d가 약 122.5m이고 t는 5초라고 하자. 낙하 높이에 2를 곱한다:
  $d \times 2$. 즉, 122.5 × 2=245가 된다.

* 그다음, 평균 낙하 시간을 제곱한다: $t \times t$. 즉, 5 × 5=25가 된다.

* 마지막으로, 첫 번째 계산 결과를 두 번째 계산 결과로 나눠 (가속도를) 계산한다:
  $a = (d \times 2) \div (t \times t)$. 즉, 245÷25=9.8이다.

6 〉다른 물체로도 여러 번 계산해 보자.

7 〉평균 가속도(a)를 계산하라. 지금까지 계산한 모든 값을 더한 다음, 합을 실험 횟수로 나누자. 이제 중력 가속도를 계산할 수 있다!

토론거리 ············

- 실험을 여러 번 반복하는 것이 왜 중요할까?
- 평균 값이 왜 중요할까?
- 물체의 질량이 달라지면 가속도도 달라질까?
- 갈릴레이는 이 실험에 대해 뭐라고 말할까?
- 친구 집에서 실험하면 결과가 달라질까? 다른 나라에서 실험하면 어떨까? 다른 행성에서 실험한다면?

이것도 해 보자!

같은 실험을 다른 높이에서 해 보라. 같은 a 값을 얻었는가? 그렇다면 그 이유는? 아니라면 왜 그럴까? 납작한 종이나 깃털, 아니면 다른 아주 가벼운 물체로도 실험해 보자.

알·고·있·나·요·?

중력은 모든 것을 9.8m/s²의 크기로 가속한다. 이 말은 책을 떨어뜨리면 1초 후 초당 9.8m의 속력을 갖게 된다는 뜻이다. 하지만 책이 가속되기 때문에 책의 속력 또한 매초 9.8m만큼씩 증가한다. 따라서 2초 후에는 책의 속력이 19.6m/s가 되고 3초 후에는 책이 29.4m/s의 속력으로 이동한다. 이것을 시속으로 바꾸면 약 105km/h가 된다!

탐·구·활·동

피사의 실험, 두 번째

갈릴레이는 피사의 사탑에서 물체가 똑같은 높이에서 떨어지면 같은 비율로 가속되고, 동시에 바닥에 떨어진다는 사실을 증명했다. 이때 한 물체는 수평 운동을 하고, 다른 물체는 그렇지 않다면 어떨까? 두 물체는 여전히 바닥에 동시에 떨어질까?

1 > **카메라를 안전한 장소에 설치하자.** 실험 동전 때문에 카메라가 망가지지 않도록 조심해야 한다.

2 > **탁자 가장자리에 자를 올려놓는다.** 자와 탁자 가장자리 사이에 동전 하나 놓일 만큼의 거리를 둔다.

3 > **자의 끄트머리에 동전을 하나 올려놓는다.** 그다음 동전이 올라간 자 끄트머리를 조심조심 탁자 밖으로 밀어내자. 실수로 자가 기울어지거나 떨어지면 이전 단계부터 다시 하라.

4 > **두 번째 동전을 탁자 위에 올리자.** 두 번째 동전은 탁자 가장자리의 한쪽 모서리와 자 사이에 놓으면 된다.

5 > **손가락을 튕겨 동전이 올라가 있는 자 끄트머리가 탁자 가장자리로 밀리도록 쳐 보자.** 자가 탁자 위의 동전도 동시에 밀어내야 한다. 약간 세게 쳐야 할 것이다!

6 > **동전이 떨어지는 소리를 주의 깊게 들어 보자.** 두 동전이 동시에 바닥을 때리는지, 따로따로 떨어지는지 알 수 있다.

7 > **같은 실험을 여러 번 반복하라.** 공학자 공책에 보고 들은 것을 기록하자.

토론거리

- 어느 동전이 바닥에 먼저 떨어질까?
- 두 동전의 운동은 어떻게 다를까?
- 수평 운동하는 동전을 위쪽으로 비스듬히 발사한다면 어떤 일이 벌어질까? 혹시 동전이 바닥에 떨어지는 시점이 달라질까?

52

일반 상대성 이론

물리학자 **알베르트 아인슈타인**(1879~1955)은 1915년 일반 상대성 이론 발표로 중력에 대한 새로운 관점을 제안했다. 아인슈타인은 물체의 질량으로 인해 발생하는 시공간의 왜곡으로 중력을 설명했다. 중력이 큰 물체일수록 시간과 공간을 더 많이 일그러뜨릴 수 있다! 사실 별처럼 질량이 아주 큰 물체는 머나먼 별에서 나오는 빛의 경로까지 휘어지게 만든다. 질량이 가장 큰 물체인 블랙홀도 강력한 중력을 갖고 있어 빛을 포함한 아무것도 그 안에서 탈출할 수가 없다.

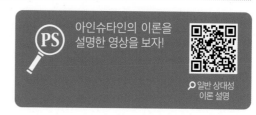

아인슈타인의 이론을 설명한 영상을 보자!

🔍 일반 상대성 이론 설명

이것도 해 보자!

수평 운동과 수직 운동은 동전의 운동에 어떤 영향을 미칠까? 동전 하나를 다른 높이에서도 떨어뜨려 보자. 그러면 실험 결과가 달라질까?

탐·구·활·동

얼마나 높아야 높은 것일까?

발사체가 공중에 머무른 시간을 알면 발사체의 최대 높이도 알아낼 수 있다! 우리가 던지는 발사체는 얼마나 높이 올라갈까?

1 〉친구와 함께 운동장으로 나가 발사체를 던지거나 차면서 발사하자. 이때 지나치게 딱딱하거나 무거운 것을 발사체로 골라서는 안 된다. 이를테면, 테니스공 같은 것이 좋겠다.

2 〉다른 각도로 여러 번 발사해 보자. 그다음 관찰 내용을 기록한다. 완벽하게 기록할 필요는 없다. '수직으로 위로 올라감' 또는 '거의 수직으로 위로 올라감' 정도로 기록하면 된다.

3 〉친구에게 발사체가 공중에 머문 시간의 기록을 부탁하자. 발사체가 움직이자마자 타이머를 작동시키고, 땅에 떨어지는 순간 멈춰라. 친구와 함께 카운트다운 하면서 타이머 작동 시간을 맞추면 도움이 될 것이다.

4 〉공학자 공책에 결과를 기록하자. 실험을 여러 번 반복하면서 기록하라.

5 〉발사체의 높이는 다음 공식으로 계산한다.

$$h = \frac{1}{2} \times g \times t^2$$

h = 발사체의 높이(단위: m)
g = 중력에 의한 가속도. 그 값은 9.8m/s²이다.
t = 공이 최대 높이에서 땅에 떨어지기까지 걸린 시간(단위: 초)

① 발사체가 내려오는 데 걸린 시간을 알아야 한다. 기록한 시간을 2로 나눠라. 가령 발사체가 4초 동안 공중에 떠 있었다면 올라가는 데 2초, 내려오는 데 2초가 걸린 것이다.
② 초 단위의 시간(t)을 제곱($t \times t$)한다. 즉, 2×2=4다.
③ ②의 계산 결과에 중력 가속도, g를 곱한다. g 값은 9.8이다. 즉, 4×9.8=39.2다.
④ 마지막으로, 위 계산 결과를 2로 나눠 발사체의 높이 h를 구한다. 즉, 39.2÷2 =19.6m가 된다.

- 어느 각도로 발사해야 발사체가 가장 높이 올라갈까?
- 발사체의 높이에 영향을 미치는 요인은 무엇일까?
- 누가 발사체를 가장 높이 올렸을까? 이유는 무엇일까?
- 운동 법칙으로 그 사람이 왜 이겼는지 설명할 수 있을까?
- 높이를 알아낼 때 어째서 수평 운동은 중요하지 않을까?

이것도 해 보자!

농구 골대의 높이같이 측정 가능한 높이에서 발사체를 떨어뜨려 보자. 떨어지는 데 걸린 시간으로 높이를 계산하면 된다. 측정 높이는 계산 값과 일치할까? 물체의 낙하 높이로 떨어지는 데 걸린 시간을 계산할 수 있을까?

발사 각도 실험

발사 각도가 얼마여야 발사체를 가장 멀리 보낼까? 긴 자에 각도기를 달아 측정하면 고무줄로도 알아낼 수 있다.

1 〉 자의 55cm 지점쯤에 점을 찍어 표시하자.

2 〉 표시한 자에 각도기를 부착하라. 이때 각도기의 원점(중앙에 있는 점이나 원)을 55cm 표시 지점에 맞춰야 한다. 각도기의 90°(기준선) 선을 자와 나란히 놓고, 0° 쪽은 직각이 되게 놓자. 그다음 테이프로 각도기를 자에 단단히 부착한다. 각도기의 각이 테이프로 가려지지 않게 하자.

3 〉 노끈으로 고리를 만들자. 이때 끈은 원점에서 각도기 아래로 2.5cm에서 5cm 정도 떨어질 정도의 길이여야 한다.

4 〉 원점에 누름 핀을 꽂자. 누름 핀에 끈을 건다.

5 〉 끈 아래쪽에 테이프로 서류 집게나 작은 추를 붙이자.

6 〉 발사 각도를 정하고, 공학자 공책에 기록하라. 각도기 위로 끈이 자유롭게 움직이도록 하고, 자를 집어 든다.

7 〉 발사체를 준비하라. 각도기에서 먼쪽의 자 끝부분에 고무줄을 감아 건다.

8 〉 고무줄 발사! 발사할 때마다 고무줄을 똑같은 강도로 잡아당겨야 한다. 고무줄을 어느 정도 잡아당겼는지 기억하기 쉽게 자에 표시해 둔다.

9 〉 여러 발사 각도로 실험해서 기록하라. 단, 매번 같은 높이에서 발사해야 한다.

토론거리

• 고무줄이 가장 멀리 날아갈 때의 발사 각도는?
• 왜 발사 장치의 높이를 똑같이 유지하는 것이 중요할까?
• 고무줄을 매번 같은 길이만큼 잡아당겨야 하는 이유는 무엇일까?
• 날아가는 고무줄에 영향을 미치는 힘은 무엇일까?

고무줄을 잡아당기는 정도를 달리 해서 실험해 보자. 이렇게 하면 발사 거리에 어떤 영향을 미칠까? 고무줄 발사체를 0°나 90°로 발사하면 어떻게 될까? 고무줄 말고 다른 것의 발사 방법도 생각해 보라.

59쪽　**기계(machine)**: 힘이나 운동을 전달하는 장치.

60쪽　**도르래(pulley)**: 홈이 파인 바퀴에 줄을 걸어 짐을 들어 올리는 간단한 기계.

60쪽　**아틀라틀(atlatl)**: 고대의 투창기.

60쪽　**에너지(energy)**: 어떤 일을 하기 위한 능력이나 힘.

60쪽　**운동 에너지(kinetic energy)**: 운동과 관련된 에너지.

61쪽　**위치 에너지(potential energy)**: 어떤 위치에 있는 물체가 가지는 에너지.

61쪽　**중력 위치 에너지(gravitational potential energy)**: 중력장에서의 위치로 인해 물체가 가지는 에너지.

61쪽　**역학 에너지(mechanical energy)**: 기계의 부품처럼, 눈에 보이는 물리적 부분을 사용하는 에너지. 운동 및 높이와 관련이 있다.

64쪽　**로빈 후드(Robin Hood)**: 중세 영국의 전설적인 영웅. 11세기 영국 셔우드 숲을 근거지로 포악한 관리, 욕심 많은 귀족이나 성직자들을 응징했다는 이야기가 전해 내려온다.

64쪽　**롱 보우(longbow)**: 중세 시대에 쓰기 시작한 나무로 된 활.

64쪽　**리커브 보우(recurve bow)**: 활시위를 놓을 때 림(limb)이 궁수로부터 먼 쪽으로 휘는 활. 림이란 활이 휘어질 때의 위치 에너지가 비축되는 유연한 부분을 가리킨다.

64쪽　**기마 민족(horse-riding people)**: 주로 말을 타고 활동하던 민족.

65쪽　**컴파운드 보우(compound bow)**: 림을 구부리는 데 케이블이나 도르래 등 지레 장치를 사용하는 활.

66쪽　**기계적 확대율(mechanical advantage)**: 기계가 작업을 더 쉽게 만들기 위해 힘을 증가시키는 정도.

67쪽　**공학자(engineer)**: 수학과 과학, 창의력으로 문제를 해결하고 인간의 요구를 충족시켜 주는 사람.

67쪽　**공성 병기(siege engine)**: 군대가 성벽을 뚫고 가거나 넘어가는 것을 도울 목적으로 만들어진 기계.

67쪽　**요새(fortification)**: 군사적으로 중요한 곳에 적을 막기 위해 튼튼하게 만들어 놓은 방어 시설. 또는 그런 시설을 한 곳.

68쪽　**생물학전(biological warfare)**: 독극물이나 다른 생체 물질을 무기로 사용하는 전투.

68쪽　**망고넬(mangonel)**: 돌 등의 발사체를 던지기 위한 군용 장비.

68쪽　**탑재물(payload)**: 캐터펄트 등의 발사 기구에 실린 물건.

68쪽　**비틀림(torsion)**: 물질을 돌리거나 비트는 힘.

68쪽　**장력(tension)**: 물체를 당기거나 펴는 힘.

70쪽　**미사일(missile)**: 표적을 향해 발사된 물체나 무기.

70쪽　**평형추(counterweight)**: 다른 추와 균형을 이루는 추.

70쪽　**받침점(fulcrum)**: 지렛대를 받치거나 지탱하는 점 또는 회전의 중심이 되는 점.

70쪽　**발리스타(ballista)**: 활과 같은 원리로 창이나 커다란 돌 등을 발사하던 원거리 공격 무기.

70쪽　**석궁(crossbow)**: 중세 유럽에서 쓰던 활의 하나. 돌을 쏘는 데 쓰였다.

72쪽　**총알(bullet)**: 총에 사용되는 발사체.

72쪽　**총열(barrel)**: 총에서 발사체를 담는 빈 원통.

72쪽　**화학 위치 에너지(chemical potential energy)**: 화학 작용으로 얻는 에너지.

역학 에너지

마운드에 선 투수가 야구공을 던진다. 공이 날아가는 속도가 어찌나 빠른지 눈에 보이지도 않을 정도다! 무시무시한 공의 빠르기에 타자도 방망이 휘두르기를 포기했다. 이번에는 축구 경기를 보자. 골키퍼가 자기 앞에 온 축구공을 뻥 찬다. 멀리 날아간 축구공이 상대편 골대에 꽂혔다. 모두 순식간에 일어난 일이다!

세계 최고의 운동선수들은 수년간의 연습과 훈련으로 공을 놀라운 빠르기와 거리로 차고 던질 수 있다. 하지만 아무리 빠르고 강한 운동선수도 시속 480km로 투구를 날리거나 바위를 축구장 거리만큼 던질 수는 없다. 발사체를 더 멀리, 더 빨리 던지려면 기계의 도움이 필요하다.

생각을 키우자!

사람들은 왜 공중으로 발사체를 쏘아 올리는 새롭고 더 나은 방법을 계속 개발할까?

⚙️ 기계

망치와 바퀴, 활의 공통점은 무엇일까? 모두 기계라는 점이다. 기계는 크기와 용도가 다양하다. 비행기처럼 복잡할 수도 있고 망치처럼 단순할 수도 있다. 일을 돕는 도구는 무엇이든 기계가 될 수 있다.

여기서 가리키는 일은 숙제나 직업이 아니다. 힘이 물체를 움직일 때 하는 것이 '일'이다. 그리고 기계는 이런 일을 쉽게 하도록 도와준다. **도르래**는 혼자서 절대 들 수 없는 무거운 물건을 들어 올리게 도움으로써 일하고, 활은 더 멀리 그리고 빨리 화살을 쏠 수 있게 도움으로써 일한다.

📖 알·아·봅·시·다·!

더 멀리, 그리고 빨리 움직이려고 기계를 사용하는 운동 경기에는 무엇이 있을까? 방망이 없는 야구 경기와 탁구채 없는 탁구 경기를 상상해 보자. 많은 운동 경기가 기계로 뭔가를 움직인다. 이런 운동 경기는 또 어떤 것이 있을까?

> **❝ 아틀라틀이라는 초창기 기계가 있다. 이 투창기는 사람이 창을 던질 수 있는 거리와 속력을 늘려 준다. ❞**

아틀라틀은 던지는 사람의 팔을 늘려줌으로써 창을 더 멀리, 더 빠르게 던지게 해 준다. 아틀라틀로 늘어난 길이와 질량만큼 창에 더 많은 **에너지**가 제공되기 때문이다. 던지는 사람이 할 수 있는 일의 양을 늘려 준다고나 할까? 큰 발사체를 더 멀리, 그리고 빨리 발사하려면 가능한 모든 에너지를 끌어모아야 한다!

⚙️ 에너지

태양으로부터 얻는 태양 에너지, 건전지의 화학 에너지, 전기 에너지, 핵에너지까지 우리 주변에는 많은 에너지가 있다. 사실 에너지는 우리 자신에게도 있다. 달리기 경주하거나 자전거를 탈 때, 우리는 **운동 에너지**를 갖는다. 운동 에너지는 말 그대로 운동의 에너지다. 골대로 날아가는 농구공, 도로를 달리는 자동차 모두 운동 에너지를 갖고 있다. 힘을 가해 뭔가 움직이면 운동 에너지를 증가시키는 것이다. 물체가 가진 운동 에너지의 양은 그 질량과 속도에 따라 달라진다. 같은 속력으로 달릴 때 자동차는 자전거보다 운동 에너지가 크고, 세계 찬 축구공은 가볍게 넘겨줄 때보다 운동 에너지가 더 크다.

움직여야만 에너지를 갖는 것은 아니다. 공을 집어 올릴 때는 운동 에너지를 주는 것이다. 그런데 집어 올린 공을 그냥 가만히 들고만 있다면, 들어 올릴 때 준 운동 에너지는 어디로 갈까? 그때는 운동 에너지가 위치 에너지로 바뀐다. 위치 에너지는 건전지처럼 저장된 에너지라고 볼 수 있다.

들고 있던 공을 떨어뜨리면 중력의 힘이 공을 가속시킨다. 위치 에너지가 다시 운동 에너지로 바뀌는 셈이다. 이 위치 에너지를 **중력 위치 에너지**라고 한다.

중력 위치 에너지는 물체의 질량과 높이에 따라 달라진다. 높은 곳에 있는 물체일수록 큰 위치 에너지를 갖는다. 책장에 꽂힌 책이 마룻바닥에 놓인 책보다 중력 위치 에너지가 더 크다. 두꺼운 사전이 작은 문고판 책보다 위치 에너지가 더 크다. 사전의 질량이 더 크기 때문이다!

위치 에너지의 종류는 다양하다. 건전지에는 전기 위치 에너지가 담겨 있다. 화학 위치 에너지를 지닌 음식은 그것을 운동 에너지로 바꿔 우리가 몸을 움직이도록 해준다. 용수철이나 고무줄, 노끈도 탄성 위치 에너지를 갖고 있다. 그래서 잡았다가 풀 때 운동 에너지로 바뀐다.

운동 에너지와 위치 에너지를 통틀어 **역학 에너지**라고 한다. 역학 에너지는 일하거나 움직이도록 하는 능력이다. 에너지를 눈으로 볼 수는 없지만, 운동 에너지와 위치 에너지가 하는 일은 눈으로 확인할 수 있다.

알·아·봅·시·다!

"크기가 클수록 세게 떨어진다"라는 말이 있다. 이 말은 위치 에너지와 어떤 관계가 있을까?

출발선에 대기 중인 선수들은 위치 에너지를 갖고 있다. 선수들이 출발하면 위치 에너지가 운동 에너지로 바뀐다.

에너지 보존의 법칙

공이 굴러가다가 멈추면 그 에너지는 어디로 갈까? 사라질까? 아니다. 에너지는 사라지지 않는다. 그저 다른 종류의 에너지로 바뀔 뿐이다. 마찰은 운동 에너지를 열에너지로 바꾸고, 책장에 책을 꽂는 일은 책의 운동 에너지를 위치 에너지로 바꾼다. 이것을 에너지 보존이라고 한다. 이 말은 에너지가 새로 만들어지거나 파괴되지 않는다는 뜻이다. 에너지는 어떤 형태에서 다른 형태로 바뀔 뿐이다. 우주의 모든 에너지는 종류가 달라질 뿐 사라지지 않는다.

경사로 꼭대기에 놓인 구슬을 상상해 보자. 구슬은 어떤 에너지를 갖고 있을까? 구슬이 경사로를 굴러가기 시작할 때 구슬이 지닌 에너지는 무엇일까? 경사로 아래 컵이 놓여 있고, 그래서 구슬에 부딪힌 컵이 날아간다면, 그 에너지는 무엇이라 불러야 할까?

물체의 운동 에너지와 위치 에너지는 움직임과 위치에 따라 얼마든지 다른 형태로 바뀔 수 있다. 경사로 꼭대기의 구슬은 위치 에너지만 갖지만, 구슬이 경사로를 굴러 내려가면 위치 에너지는 운동 에너지로 바뀐다. 구슬이 컵에 부딪히면 구슬의 역학 에너지가 일함으로써 컵을 움직인다.

질량이 커지거나 출발점이 높아지면 구슬의 역학 에너지가 커지고, 그로 인해 컵이 멀리까지 이동한다. 하지만 질량이 작아지거나 출발점의 높이를 낮추면 구슬의 역학 에너지는 작아지고, 그에 따라 컵이 짧게 이동한다.

탄도학에서 역학 에너지는 매우 중요하다. 에너지가 클수록 발사체를 더 높이, 멀리, 빨리 던지고 쏘고 발사할 수 있기 때문이다. 수 세기 동안 사람들은 오직 이 목적으로 기계를 만들었다. 아틀라틀과 활, 캐터펄트, 총 할 것 없이 모두 위치 에너지를 운동 에너지로 바꿔 발사체를 정해진 탄도 궤도로 보내 주는 기계다.

⚙ 새총

고무줄을 잡아당겼다가 놓치는 바람에 손에 맞아본 적이 있는가? 손을 때리는 고무줄의 에너지는 잡아당긴 고무줄의 탄성 위치 에너지가 운동 에너지로 바뀌면서 발생한다.

새총을 만들려면 알파벳 Y 자 모양의 나뭇가지를 구해야 한다. 꼭 나뭇가지일 필요는 없지만 단단하고 튼튼하며 Y 자 모양이기는 해야 한다. 그다음 Y 자의 위쪽에 잘 늘어나는 고무줄을 팽팽하게 연결하면 간단히 새

> **❝ 새총은 탄성 위치 에너지를 운동 에너지로 바꿈으로써 발사체를 탄도 궤도로 발사한다. ❞**

총을 만들 수 있다. 새총을 만들었다면, 아래쪽을 손잡이처럼 잡고 고무줄을 당겨 보자. 고무줄을 놓으면 당겨지면서 증가되던 위치 에너지가 운동 에너지로 바뀐다. 휙!

⚙ 활과 화살

발사체 발사에 탄성 위치 에너지를 사용하는 물체가 새총뿐만인 것은 아니다. 활과 화살도 마찬가지다. 구조가 단순해서 아주 오래된 도구처럼 보이긴 해도, 사실 새총은 고무가 발명된 1850년대 이후에야 우리 주변에 등장했다. 반면 활과 화살은 가장 오래된 도구의 하나로써 오늘날에도 여전히 많이 쓰인다. 활쏘기는 영국 민담 〈로빈 후드〉부터 영화 〈헝거 게임〉에 이르기까지 예나 지금이나 많은 이야기의 소재기도 하다.

최초의 활 쏘기 유물은 남아프리카의 암반층에서 발견됐다. 이곳에서 약 7만 년 정도 된 돌화살촉이 나타난 것이다. 그렇게 오래전부터 쓰였다니 활과 화살이 생각보다 만들기 쉬운가 보다고?

아니다. 옛날 사람들에게 활과 화살 만들기는 아주 어려운 일이었다. 활을 만들기 위해서는 튼튼하면서도

로빈 후드

수백 년 전 영국에 살던 **로빈 후드**와 친구들은 부자들의 물건을 빼앗아 가난한 사람들에게 나눠 줬다고 전해진다. 이 이야기는 유명할 뿐만 아니라 오늘날까지 여전히 인기 있다. 얼마나 인기 있는지 몇 번이나 영화와 드라마로 만들어질 정도다.

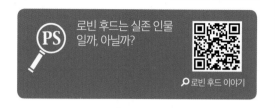

로빈 후드는 실존 인물일까, 아닐까?

🔍로빈 후드 이야기

유연한 목재에 더해 활을 부러뜨리지 않고 구부릴 수 있을 만큼 탄탄한 식물 또는 동물 섬유로 된 억센 시위가 필요했으니까. 잘 날아가도록 화살을 곧게 깎기도 쉽지 않았다. 이에 세월이 흐르면서 여러 문화에서 각자의 독특한 문화가 가미된, 자신들만의 모양과 크기로 활과 화살을 만들었다.

역사와 목적에 따라 세세한 모양이 달라지기도 하지만, 활쏘기 도구의 기본 부품은 똑같다. 모든 활은 활과 시위라는 두 가지 주요 부분으로 구성된다. 시위를 뒤로 끌어당기면 활이 굽으면서 탄성 위치 에너지가 증가한다. 시위를 놓으면 활의 위치 에너지가 운동 에너지로 바뀌면서 화살은 과녁 쪽으로 가속된다.

가장 많이 쓰이는 활의 종류로는 3가지 정도를 꼽을 수 있다. **롱 보우**는 가장 간단한 형태의 활로, 전 세계 다양한 문화와 민족이 사용했다. 롱 보우는 사냥과 운동 경기, 특히 중세 시대에 전장에서 주로 사용됐다.

> **66** 영국 사람들은 아주 성공적으로 롱 보우를 사용했다.
> 로빈 후드를 비롯한 많은 영국 전래동화와 전설에 롱 보우가 등장한다. **99**

롱 보우는 대개 튼튼하면서도 유연한 주목나무로 만들었고, 1.2m에서 1.5m 정도 길이로 크기가 컸다. 중세 전투에서는 수백 명의 궁수가 롱 보우를 한꺼번에 발사해 아주 먼 거리에서 적군에게 치명적인 화살 비를 쏟아붓기도 했다.

롱 보우보다 크기가 작은 **리커브 보우**는 들고 다니거나 쏘기가 더 쉽다. 처음 사용된 곳은 몽골인데, 기마 민족인 몽골 사람들이 말 타고 이동할 때 크기가 작은 활이 쏘기가 더 쉽다는 사실을 알아냈기 때문이다. 크기가 작으면 힘이

 **알·고·있·나·요·?**

롱 보우의 작은 버전을 쇼트 보우(short bow)라고 한다. 쇼트 보우는 대개 오늘날 초보자에게 활쏘기를 가르칠 때 사용된다.

약하리라 생각할 수도 있지만, 리커브 보우는 독특한 모양이 크기에서 생겨나는 차이를 보완한다. '리커브'라는 이름도 활 양 끝에 뒤쪽으로 굽어지는, 추가로 휘어진 부분 때문에 붙었다. 이 휘어진 부분이 롱 보우보다 시위

이 그림은 전장에서 롱 보우로 싸우는 궁수를 보여 준다. 그림에서 발사체를 사용하는 다른 장치로 무엇을 찾을 수 있는가? 장 프루아사르(1337~1410), <백년 전쟁 중 영국과 프랑스의 크레시 전투>.

를 일찍, 빠르게 멈추도록 하므로 화살에 더 많은 에너지를 전달한다. 오늘날 리커브 보우는 올림픽 경기를 비롯해 많은 활쏘기 대회에서 사용된다.

리커브 보우와 롱 보우는 화살을 쏘기에 최고의 도구지만, 둘 다 사용하려면 많은 힘과 체력이 필요하다. 그래서 사수들이 빨리 지칠 수 있다. **컴파운드 보우**는 사수에게 필요한 힘의 양을 줄일 수 있게 설계됐다. 컴파운드 보우는 도르래로 화살에 전달되는 에너지는 늘리고 활시위를 뒤로 당기는 데 필요한 힘은 줄였다.

그웬 셰퍼드가 2012년 전사 게임 활쏘기 대회에서 리커브 보우를 겨누고 있다. 셰퍼드는 미국 공군 팀 소속이다.

출처: 미국 공군/Val Gempis

미국 인빅터스 팀 사수 채시티 쿡처가 2016년 인빅터스 대회에 컴파운드 보우로 참가 중이다.

출처: DoD 뉴스(사진: EJ Hersom(CC BY 2.0))

> **"** 이 기계적 확대율 덕분에 컴파운드 보우는 롱 보우나 리커브 보우보다 크기가 작은데도 화살을 더 강력하고 정확하게 쏠 수 있다. **"**

지금껏 살펴본 새총과 활로는 작은 발사체만 쏠 수 있다. 더 큰 물체를 탄도 궤도로 보내고 싶다면 어떻게 해야 할까? 볼링공을 새총으로 발사하거나 화살 끝에 농구공을 매달아 쏠 수 있을까?

운동의 법칙에 따르면 질량이 더 큰 물체를 가속하려면 더 큰 힘이 필요하다. 그렇다면 무거운 것을 먼 거리로 던질 때에는 어떤 기계가 필요할까? 바로 캐터펄트가 필요하다!

 공성 병기: 캐터펄트

중세에는 침입자로부터 성을 지키기 위해 돌담을 쌓았다. 성 주위에 두꺼운 돌담을 쌓았을 뿐만 아니라 그 주위에 둘러 판 연못 같은 함정도 설치했다. 궁수들은 성벽 꼭대기에 줄지어 서서 적이 다가오면 화살 비를 쏟아부을 준비를 했다. 음식과 보급품만 풍부하다면 성 주위가 포위돼도 성벽 안의 사람들은 안전했다. 이에 중세 **공학자**들은 고민했다. 도저히 성벽을 뚫을 수 없을 때는 어떻게 해야 할까?

마침내 찾아낸 답이 바로 **공성 병기**였다. 공성 병기가 발명되면서 공격 군대는 드디어 성벽을 무너뜨리거나 넘을 수 있게 됐다. 거대한 캐터펄트는 아주 효율적이고 치명적인 공성 병기였다. 적의 요새로 바위처럼 무거운 물체와 창처럼 날카로운 무기, 심지어 화구까지 탄도 궤도로 날려 보냈다. 캐터펄트가 있으면 아무리 두꺼운 벽도 뚫을 수 있을 뿐만 아니라 성벽 안에 돌 비를 내릴 수도 있었다.

알·고·있·나·요·?

활쏘기와 마찬가지로 캐터펄트도 세계의 많은 문화에서 사용됐다. 각종 명화나 영화 속에 흔히 등장하는 캐터펄트는 중세에 처음 등장했지만, 중국과 그리스 로마를 비롯한 다른 나라에서도 비슷한 기계가 수천 년 전부터 사용됐다.

▼ 프랑스 카스텔노 성의 캐터펄트. 이 중세 성에는 과거 수 세기 동안 사용된 많은 무기가 재현돼 있다.

생물학전

캐터펄트가 무거운 돌이나 화구를 쏘는 데만 쓰인 것은 아니다. 때로는 질병 퍼뜨리기에도 사용됐다. 1346년 카파라는 도시를 포위했을 때, 몽골 군은 캐터펄트로 전염병 시체를 도시 성벽 안으로 던졌다. 흑사병이라고도 불린 림프절 페스트는 순식간에 퍼져 몽골 군으로 둘러싸인 도시를 탈출하지 못한 수천 명의 목숨을 앗아갔다. 겨우겨우 달아난 생존자들은 흑사병을 유럽 전역에 퍼뜨렸다. 캐터펄트가 퍼뜨린 흑사병은 가장 초기의 **생물학전** 사례에 해당한다.

⚙️ 망고넬과 트레뷰셋

망고넬은 가장 많이 사용된 캐터펄트의 일종으로, 기원전 400년경 로마인이 처음 사용했다. 망고넬의 중심에 놓인 긴 팔의 끄트머리에는 **탑재물**이 실릴 그릇 모양의 발사대가 붙어 있다. 여러 번 밧줄을 감은 차축에 부착된 팔을 뒤로 천천히 당기면 차축에 밧줄이 꼬이면서 **비틀림**을 만들고. 이로써 위치 에너지가 많이 만들어진다.

🔍 PS 강력한 망고넬은 발사체를 396m 이상으로 발사할 수 있었다. 이제 망고넬이 실제로 어떻게 작동하는지를 알아보자!

🔎 댄 스노우의 망고넬 공성포

❝ 당겼다 놓으면 줄의 장력 때문에 팔이 어마어마한 힘으로 튀어 나가다가 가로대를 때리며 멈추고 발사체가 표적을 향해 발사된다. ❞

발사 각도는 가로대를 높이느냐 낮추느냐에 따라 달라졌다. 발사체의 탄도 경로가 가로대의 높이에 따라 바뀌었기 때문이다. 그런데 망고넬에는 단점이 하나 있었다. 줄을 팽팽하게 감아야 해서 시간이 지나면 느슨해지고, 정확성도 떨어진다는 점이었다.

트레뷰셋은 망고넬보다 강하고, 정확한 캐터펄트다. 기원전 300년쯤 중국에서 처음 만들어졌다고 전해진다. 트레뷰셋도 망고넬처럼 긴 팔을 이용해 엄청난 힘으로 발사체를 던지

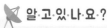 알·고·있·나·요·?

망고넬의 발사체로는 뜨겁게 달군 모래, 죽은 동물, 똥, 날카로운 나무 장대, 불타는 타르가 들어 있는 통 등이 이용됐다.

▼ 이 트레뷰셋은 카스텔노 성에서 다시 만든 것이다.

호박 멀리 던지기 대회

망고넬이나 트레뷰셋 같은 캐터펄트는 수 세기 우리 주변에 있었지만, 오래됐다고 재미가 없는 것은 아니다. 이 고대 기술로 누가 물체를 가장 멀리 던지는지 겨루는 세계적인 대회가 여럿 있다. 가장 인기 있는 발사체는? 호박이다!

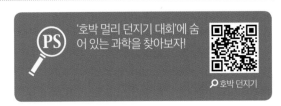

PS '호박 멀리 던지기 대회'에 숨어 있는 과학을 찾아보자!

🔍 호박 던지기

지만, 비틀림이 아니라 중력 위치 에너지로 **미사일**을 발사한다. 트레뷰셋에는 무거운 **평형추**가 부착된 긴 팔 또는 지렛대가 달려 있다. 팔은 한쪽으로 치우친 **받침점**을 중심으로 움직인다. 평형추는 지렛대의 짧은 쪽에 매달려 있고 탑재물은 긴 쪽에 부착된 주머니나 포대에 담는다.

> **❝** 트레뷰셋이라는 말은 프랑스어로 '위로 던지다'라는 뜻의
> 'trebucher'에서 유래한 것이다. **❞**

트레뷰셋의 발사 방법은 이렇다. 발사체를 실을 긴 팔을 아래로 잡아당긴다. 그러면 반대쪽 평형추가 위로 올라가면서 커다란 중력 위치 에너지가 생긴다. 아래로 잡아당긴 팔에 발사체를 실은 후 팔을 놓는다. 그 순간 긴 팔이 공중으로 올라가면서 발사체가 표적을 향해 엄청난 빠르기로 발사된다.

중력이 평형추를 매번 같은 양의 힘으로 잡아당기므로 트레뷰셋은 줄 감기 방식의 망고넬보다 정확할 뿐만 아니라 고장도 잘 나지 않았다. 특히 무거운 돌이나 또 다른 치명적 발사체를 아주 높이 던져 올리기에 능해서 높은 방어벽 너머로 던지는 데 유용했다. 하지만 가까이 있는 적에게는 그리 유용하지 않았다. 상대편 군대가 너무 가까이 다가왔을 때는 많은 군대가 트레뷰셋 대신에 발리스타를 사용했다.

⚙ 발리스타

발리스타는 가장 치명적인 형태의 캐터펄트로 석궁과 비슷하지만 훨씬 크다. 비틀림과 장력의 힘으로 발사하는데, 나무 팔 2개에 연결된 줄이 서로 꼬이면서 뒤로 당겨지면 시위를 제자리에 고정하고 중심 틀에 커다란 화

살을 놓은 다음 표적을 조준한다. 시위를 놓으면 꼬였던 줄이 풀리면서 적에게 위협적인 발사체를 날려 보낸다. 이 무기는 돌격하는 적에게 거의 똑바로 발사된다.

　망고넬과 트레뷰셋, 발리스타는 수 세기 동안 사용된 다양한 캐터펄트의 일부에 불과하다. 종종 바퀴를 장착해서 원하는 위치로 움직이기도 했다. 캐터펄트는 더 강력한 무기인 소형 화기의 등장 전까지 전장에서 독보적으로 활약했다.

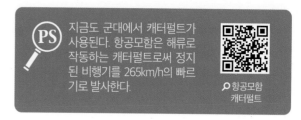

PS　지금도 군대에서 캐터펄트가 사용된다. 항공모함은 해류로 작동하는 캐터펄트로써 정지된 비행기를 265km/h의 빠르기로 발사한다.

🔍 항공모함 캐터펄트

⚙️ 소형 화기

최초의 소형 화기인 화창은 10세기에 중국에서 만들어졌다. 화창은 긴 죽통에 초기 형태의 화약을 채운 것으로, 표적을 맞힐 확률만큼이나 폭발할 확률도 높았다. 위험하고, 그다지 정확하지도 않았다. 하지만 오늘날에는 대부분의 무기가 소형 화기로 대체됐다. 이젠 캐터펄트와 궁수 대신 대포나 총 같은 무기가 전쟁터를 지배한다. 돌로 된 벽은 고속으로 발사된 무거운 포탄의 포악함과 파괴력을 당해낼 수 없다.

소형 화기는 기본적으로 모두 같은 방식으로 작동한다. 발사체인 **총알**을 **총열** 안에 넣은 다음 화약을 점화시키면 총열 안에 엄청나게 빠른 속도로 가스가 퍼지고, 위치 에너지가 운동 에너지로 바뀌면서 놀라운 속력으로 발사체를 총열 밖으로 밀어낸다. 탄성이나 중력 위치 에너지가 아니라 **화학 위치 에너지**로 총알을 발사하는 셈이다. 총알은 가장 빠른 발사체에 속한다. 가장 빠른 총알의 경우, 음속의 2배가 넘는 2,736km/h까지 갈 수 있다. 대포와 박격포, 총 같은 위험한 무기의 사정거리와 화력을 결정하는 것이 바로 이 속력이다. 현대의 총과 소총은 유해함과 파괴력 때문에 세계적으로 논란이 많다. 발사체가 공중으로 발사되는 방법을 알았으니 이제 발사체가 공중에 떠 있는 동안 할 수 있는 일을 몇 가지 알아보자!

 **알·고·있·나·요·?**

소총과 비슷하게 생겼지만 BB탄총과 공기총은 사실 소형 화기가 아니다. 둘은 화학 반응이 아니라 압축 공기로 BB탄과 총알을 표적으로 발사한다.

🌱 **생각을 키우자!**

사람들은 왜 공중으로 발사체를 쏘아 올리는 새롭고 더 나은 방법을 계속 개발할까?

탐·구·활·동

에너지 충전!

위치 에너지와 운동 에너지는 서로 밀접한 관련이 있다. 아래 실험에서 두 에너지의 관계를 확인해 보자.

1 〉 **플라스틱이나 종이로 된 컵의 가장자리를 잘라 낸 뒤 엎어 놓아라.** 구슬이 통과하기에 충분한 크기로 컵 가장자리를 잘라 내야 한다.

2 〉 **원통형 판지를 비스듬히 놓는다.** 원통 판지 한쪽은 마룻바닥에 테이프로 고정하고, 다른 한쪽은 탁자 다리나 벽처럼 튼튼한 물체에 고정한다. 구슬이 원통 안에서 쉽게 굴러가야 한다!

3 〉 **구멍이 원통을 향하게 해서 원통 아래쪽에 컵을 뒤집어 놓자.** 그래야 굴러온 구슬이 컵에 갈 수 있다. 이때 컵은 바닥에 부착하지 마라.

4 〉 **원통 위에 구슬 하나를 집어넣어 굴려 보자.** 컵이 얼마나 멀리 움직일까? 데이터를 측정하고 공학자 공책에 기록하라.

5 〉 **같은 구슬로 실험을 여러 번 반복해 보자.** 컵의 평균 도달 거리를 구할 수 있을까?

6 〉 **무게가 다른 구슬이나 공으로 실험을 반복하자.** 각 실험에서 컵이 이동한 거리도 기록하자.

토론거리

- 구슬의 위치 에너지가 가장 클 때는 언제일까?
- 구슬의 운동 에너지가 가장 클 때는 언제일까?
- 어느 구슬이 가장 큰 위치 에너지를 지닐까?
- 어느 구슬이 가장 큰 운동 에너지를 지닐까?
- 위치 에너지와 운동 에너지가 같은 지점은 어디일까?
- 구슬의 질량은 컵의 운동에 어떤 영향을 미칠까?

이것도 해 보자!

원통의 높이를 조정해 다시 실험을 반복한다. 이렇게 했을 때 구슬의 역학 에너지는 어떻게 바뀔까? 또 그것이 컵의 운동에는 어떤 영향을 미칠까?

새총 놀이!

나뭇가지와 고무줄로 새총을 직접 만들어 보자. 잡아당긴 고무줄의 탄성 위치 에너지가 어떻게 운동 에너지로 바뀌는가?

⚠️ 사람이나 동물에게 새총을 겨냥하거나 던져서는 안 된다. 실험 중에는 반드시 보안경을 착용하라.

1 〉 고무줄 2개를 잘라 같은 길이로 한 줄짜리 2개를 만들자.

2 〉 고무줄을 각각 Y 자 모양 나뭇가지의 양쪽에 묶어라. 최대한 꽉 묶어야 한다! 필요하다면 테이프로 나뭇가지에 고무줄을 고정하자.

3 〉 가죽이나 질긴 천을 사각형 모양으로 잘라 발사체가 담길 주머니를 만든다. 주머니 양쪽에 구멍을 하나씩 뚫는다.

4〉 주머니의 구멍에 각각 고무줄을 묶고 테이프로 단단히 고정하라.

5〉 **밖으로 나가 넓고 트인 장소에서 새총을 실험해 보자.** 주머니 위에 발사체를 올려놓고 발사한다! 종이나 빈 깡통 같이 적당한 표적을 겨냥하라.

6〉 **친구들과 시합해 보자.** 어떤 친구가 가장 잘 쏠까?

토론거리

• 위치 에너지는 언제 최대일까?
• 운동 에너지는 언제 최대일까?
• 발사체의 질량은 비행에 어떤 영향을 미칠까?
• 발사 전의 발사체에는 어떤 힘이 작용할까?
• 발사 후의 발사체에는 어떤 힘이 작용할까?

이것도 해 보자!

새총에 고무줄을 더 많이 연결하라. 더 많은 고무줄을 연결하면 새총과 발사체의 역학 에너지에 어떤 영향을 미칠까? 직접 만든 새총으로 발사체를 쏴 보자. 가장 멀리 발사된 기록은 얼마인가?

알·아·봅·시·다!

새총 사용 시, 새총을 잡은 손이 특히 많이 피곤해질 수 있다. 그래서 새총 중에는 손목에 감는 지지 끈이 달린 것도 있다. 끈이 손목을 지지해 주면 고무줄을 뒤로 당길 때 쓰는 힘의 크기가 커진다. 손목 지지 끈은 새총 쏘기에 어떤 영향을 미칠까?

아틀라틀 싸움

옛날 사람들이 쓰던 여러 투창기는 기본 작동 방식이 모두 같다. 아틀라틀을 직접 만들어 보자!

⚠️ 사람이나 동물에게 아틀라틀을 겨냥하거나 던져서는 안 된다. 실험 중에는 반드시 보안경을 착용하라.

1〉**자 한쪽 끝에 서류용 집게를 물리고, 집게 손잡이를 뒤로 젖히자.** 이 집게가 연필 화살을 당길 때 지지대가 될 것이다.

2〉**작은 칼로 조심조심 연필에 달린 지우개를 V자로 파내라.** V 자는 집게의 손잡이가 들어가기에 알맞은 너비로 파낸다. 이 연필이 작은 화살이 된다.

3〉**연필 심 쪽에 지우개 뚜껑을 꽂자.** 이렇게 하면 연필 화살이 더 잘 날아갈 뿐만 아니라 훨씬 안전하다!

4〉**집게 손잡이에 연필 지우개의 V자 부분을 끼우자.** 연필은 자 위에 나란히 올려놓아라.

5〉**연필 양옆으로 자에 서류용 집게를 끼운다.** 연필 화살이 자 바깥으로 미끄러지지 않게 하기 위한 것이다. 집게로 연필까지 집어서는 안 된다. 연필은 그냥 자 위에 놓여 있어야 한다.

6〉**안전하고 탁 트인 공간에서 집게 지지대 반대쪽 끝을 잡아 자를 들어 올려라.** 이때 연필은 잡지 않는다. 연필은 자 위에 그냥 놓여 있어야 한다.

7〉자를 든 팔을 뒤로 뺐다가 종이비행기를 날리듯이 재빨리 앞쪽으로 보낸다. 이때 자가 기울어 화살이 미끄러져 나가지 않게 조심하라. 던지기 동작 마지막에는 팔목을 아래로 꺾어야 한다. 이때 자는 손에서 놓지 않는다!

8〉어떻게 됐는가? 예상대로 움직였는가? 아틀라틀을 제대로 사용하려면 많은 인내와 연습이 필요하다!

토론거리

- 아틀라틀을 기계라고 할 수 있는 까닭은 무엇일까?
- 화살을 던질 때는 어떤 힘이 작용할까?
- 아틀라틀에서 떠나는 화살에는 어떤 힘이 작용할까?
- 화살 던지기와 비슷한 운동에는 또 뭐가 있을까?

이것도 해 보자!

표적을 맞혀 보자! 얼마나 잘 맞나? 화살을 더 정확하게 만들 방법은 없을까? 얼마나 멀리 던져지는가? 아틀라틀을 이용한 것과 그냥 손으로 화살을 던지는 것을 비교해 보라. 어느 쪽이 더 멀리 던질 수 있는가? 화살이나 아틀라틀에 무게를 더하면 결과가 달라질까? 더 큰 아틀라틀을 만들어 훨씬 더 큰 화살을 던지면 얼마나 멀리 나갈까?

망고넬 만들기

장력과 비틀림으로 발사체를 아주 먼 거리까지 날려 보내는 망고넬을 직접 만들어 보자!

⚠ 사람이나 동물에게 망고넬을 겨냥하거나 던져서는 안 된다. 실험 중에는 반드시 보안경을 착용하라.

1 〉 공예용 나무 막대기를 5개 이상 겹쳐 놓자. 막대기 양쪽 끝을 고무줄로 단단히 묶는다.

2 〉 나무 막대기 2개를 겹쳐 놓자. 막대기의 한쪽 끝을 고무줄로 단단히 묶는다.

3 〉 두 막대기를 조심해서 벌린다. 5개짜리 막대기 더미를 그사이에 끼운다.

4 〉 5개짜리 막대기 더미를 2개짜리 막대기 더미의 고무줄이 있는 부분으로 밀어 넣어라. 두 막대기 더미를 고무줄 여러 개로 함께 묶는다.

5 〉 맨 위에 있는 막대기 끝에 풀이나 테이프로 플라스틱 숟가락을 붙이자. 그다음 발사체를 숟가락 안에 놓는다.

6 〉 맨 위쪽 막대기를 아래로 눌렀다가 놓아라! 이때 망고넬을 아래로 누르고 있어야 할 수도 있다. 막대기를 아래로 누르면 망고넬에 위치 에너지가 쌓인다. 막대기를 놓을 때 그 위치 에너지가 운동 에너지로 바뀌면서 발사체를 날려 보낸다! 망고넬에 싣는 위치 에너지가 클수록 운동 에너지는 더 커진다. 그 영향으로 발사체는 더 멀리 날아간다!

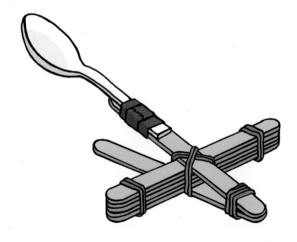

토론거리

- 망고넬은 어떤 종류의 캐터펄트일까?
- 이 망고넬은 어떤 위치 에너지를 사용할까?
- 발사체를 얼마나 멀리, 얼마나 높이 던지느냐에 무엇이 영향을 미칠까?
- 이 망고넬은 얼마나 정확한가?
- 이 망고넬의 최대 발사 높이는?
- 이 망고넬의 최대 발사 높이를 어떻게 측정할 수 있을까?
- 이 망고넬의 최대 발사 거리는?

 알·아·봅·시·다!

이 망고넬의 발사 각도는 어떻게 바꿀까? 던지는 팔의 길이를 바꾸면 어떨까? 같은 재료로 다르거나 더 나은 발사 무기를 만들 수 있을까?

잔혹한 전투

12세기 리스본 공방전 동안 영국 십자군은 포르투갈의 리스본이라는 무슬림 도시를 공격했다. 포위 작전은 넉 달 동안 지속됐다. 십자군은 100명씩 팀을 이뤄 2개의 망고넬로 10시간 동안 5천 개의 바위를 던졌다고 한다. 결국 무슬림은 목숨과 재산을 지켜 주겠다는 십자군의 약속을 믿고 항복했지만, 십자군은 도시로 들어오자마자 주민들을 죽이고 쫓아내면서 약속을 깨뜨렸다.

트레뷰셋 만들기

트레뷰셋은 중력으로 짐을 날려 보낸다. 성 공격 시에는 그것이 공성 병기가 될 것이다.

⚠ 사람이나 동물에게 트레뷰셋을 겨냥하거나 던져서는 안 된다. 실험 중에는 반드시 보안경을 착용하라.

1〉A자 모양의 버팀대를 만들자.

① 공작용 나무 막대기 하나를 반으로 자른다. 긴 막대기 2개와 반으로 자른 막대기 1개로 A 자 모양을 만들면 된다.

② A 자의 꼭대기에서 긴 막대기 2개를 교차시켜 작은 v 자 모양으로 만든다. 여기에 연필을 올려놓을 것이다. 나무 막대기가 겹치는 부분을 접착제로 붙인다.

③ 같은 과정을 반복해 버팀대를 하나 더 만든다.

④ 버팀대 하나를 판지에 세워놓고 다리가 있는 부분을 표시한다.

⑤ 버팀대의 다리에 맞게 판지에 표시한 부분을 칼로 자른다. 다른 막대기나 접착제, 테이프 등으로 버팀대를 판지에 단단히 고정한다.

⑥ 다른 버팀대에도 똑같이 작업한다. 두 버팀대는 5cm 이상 충분히 떨어뜨린다. 둘 사이에 연필을 올려놓을 수 있어야 한다.

2〉팔을 만들자.

① 나무 막대기 한쪽 끝에 마주 보는 쌍으로 v 자 모양의 홈을 낸다. 홈의 너비가 노끈 두르기에 충분해야 한다.

② 약 2.5~3.8cm 길이의 노끈으로 고리를 만든다. 고리의 한쪽 끝에 테이프로 건전지를 매단다.

③ 고리의 다른 쪽 끝을 막대기의 홈에 걸어 매단다. 홈에 노끈을 테이프나 접착제로 붙인다.

④ 종이 클립의 한쪽 끝을 벌려 갈고리 모양을 만든다.

⑤ 종이 클립의 벌리지 않은 부분을 건전지가 있는 반대쪽 막대기에 테이프로 고정한다. 클립의 갈고리 부분이 건전지의 반대쪽이자 위쪽을 향하게 한다.

3 〉 중심축을 만들자.

① 연필이 통과할 정도로 굵은 플라스틱 빨대를 2.5cm 정도 길이로 자른다. 테이프나 고무줄로 앞에서 만든 팔에 빨대를 수직으로 엇갈리게 붙인다. 빨대는 종이 클립이 아닌 건전지에 가까이 있어야 한다.

② 연필을 빨대 안으로 끼워 넣고 두 버팀대 위쪽 작은 v 자에 걸쳐 놓는다.

③ 버팀대에 테이프나 고무줄로 연필을 고정한다. 팔이 빨대를 축으로 해서 돌아가는지 확인한다.

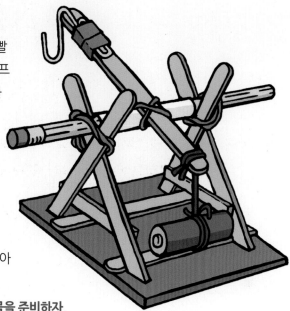

4 〉 마지막으로, 앞에서 만든 투석기와 탑재물을 준비하자.

① 길이가 2.5cm에서 3.8cm 사이인 노끈으로 고리를 만든다.

② 테이프로 작은 발사체를 노끈에 부착한다.

③ 고리를 종이 클립으로 만든 갈고리에 건다.

5 〉 트레뷰셋을 발사하자. 발사체를 잡아당겼다가 놓자!

토론거리

• 트레뷰셋은 어떤 위치 에너지를 사용할까?
• 위치 에너지는 어떻게 운동 에너지로 바뀔까?
• 이 투석기는 발사체의 비행에 어떤 영향을 미칠까?
• 탑재물의 발사 각도에는 무엇이 영향을 미칠까?
• 발사체를 가장 멀리 던졌을 때의 기록은 얼마일까?

이것도 해 보자!

건전지 대신 다른 평형추를 써 보자. 추는 발사체의 비행에 어떤 영향을 미칠까? 팔을 바꾸면 어떨까? 중심점을 이동해 보자. 또 팔을 더 길게 만들거나 더 짧게 만들면 어떻게 될까?

83쪽 **공기(atmosphere)**: 지구를 둘러싼 대기의 하층부를 구성하는 무색무취의 투명한 기체 혼합물.

83쪽 **방사선(radiation)**: 방사성 물질에서 입자나 광선, 파동 형태로 나오는 에너지.

84쪽 **항력(drag)**: 물체가 공기를 통과할 때 공기가 물체에 가하는 힘. 진행을 방해하는 저항력을 가리킨다.

84쪽 **면적(surface area)**: 물체의 표면이 차지하는 넓이.

84쪽 **공기 역학적(aerodynamic)**: 공기를 통과하거나 넘어갈 때, 공기에 의해 발생하는 저항력의 크기를 줄여 주는 모양의.

84쪽 **유선형(streamlined shape)**: 공기나 물을 통과할 때 저항을 최소화하기 위해 앞부분을 곡선으로 만들고 뒤쪽으로 갈수록 뾰족하게 한 형태.

84쪽 **항공 공학자(aeronautical engineer)**: 항공기를 설계하고 시험하는 사람.

85쪽 **레오나르도 다빈치(Leonardo da Vinci)**: 르네상스 시대를 대표하는 이탈리아의 화가 겸 과학자. 〈최후의 만찬〉을 그렸고, 해부학에도 큰 업적을 남겼다. 예술과 과학에 관한 다양한 기록을 남겼다.

85쪽 **종단 속도(terminal velocity)**: 자유 낙하에서 물체가 가장 빨리 여행할 때의 속도.

88쪽 **착시(optical illusion)**: 사람들이 실제와 다른 것을 보게 만드는 눈속임.

88쪽 **요동(turbulence)**: 불안정하고 격렬하게 움직임.

89쪽 **마그누스 효과(Magnus effect)**: 공의 한쪽 공기압이 다른 쪽보다 클 때 공을 압력이 낮은 쪽으로 움직이게 하는 효과.

89쪽 **슬라이스(slice)**: 골프에서 왼쪽에서 오른쪽으로 급하게 휘어지는 샷.

90쪽 **너클볼(knuckleball)**: 야구에서 스핀을 최대한 적게 넣어 던진 공.

90쪽 **너클링 효과(knuckling effect)**: 날아가는 구형 물체가 뒤에서 잡아당기는 힘(항력) 때문에 갑자기 뚝 떨어지는 현상.

92쪽 **나선형(spiral)**: 연속해서 점점 퍼지거나 좁아지면서 감기는 모양.

92쪽 **축(axis)**: 구가 회전할 때 중심이 되는 가상의 선.

92쪽 **각운동량(angular momentum)**: 회전 운동하는 물체의 운동량. 다른 말로 회전 운동량이라고 한다. 물체의 질량과 회전 속도를 곱하고 여기에 회전축에서 떨어진 거리를 곱한 양이다.

92쪽 **회전 안정화(gyroscopic stabilization)**: 회전 물체가 처음에 던진 방향으로 계속 향한 상태.

92쪽 **깃대(fletching)**: 화살의 끝에 달린 깃털 같은 직물.

93쪽 **자이로스코프(gyroscope)**: 방향을 측정하거나 유지하는 데 사용하는 회전하는 바퀴, 또는 원반.

93쪽 **사수(marksman)**: 무기를 조준하고 발사하는 사람.

공기 저항

야구 경기에서 투수가 커브볼을 던진다! 이 공을 때리려면 타자는 마지막 순간까지 크게 눈을 뜨고 지켜보다 방망이를 크게 휘둘러야 한다. 공이 언제 휘어질지 알 수 없기 때문이다. 그런데 이 야구공은 어째서 방향을 바꿔 회전하는 것일까? 뉴턴의 운동 제1 법칙에 따르면 물체가 속력이나 방향을 바꿀 때는 힘이 필요한데……. 이 질문의 답을 스카이다이버가 매달린, 바람을 타고 서서히 내려오는 낙하산에서 찾아보자.

탄도체에 작용하는 힘은 중력뿐만이 아니다. 우리 별 지구에는 중력뿐만 아니라 공기도 존재하니까. 공기는 해로운 **방사선**으로부터 우리를 보호하고, 숨 쉴 수 있는 산소도 제공해 준다. 그뿐만 아니라 이상하고 흥미로운 방식으로 발사체에 영향을 미친다. 발사체에 중력 말고도 공기라는 다른 힘이 작용한다는 뜻이다.

생각을 키우자!

공기 중 발사체 운동 조종 방법에는 어떤 것이 있을까? 어째서 그런 방법을 쓰는 것일까?

피사의 사탑 꼭대기에서 갈릴레이가 한 실험을 기억하는가? 그 실험에서 깃털과 볼링공을 동시에 떨어뜨렸다고 해 보자. 갈릴레이의 증명에 따르면, 둘은 동시에 땅에 떨어져야 한다. 하지만 실제로는 볼링공이 훨씬 더 빨리 떨어진다. 이것은 갈릴레이가 틀렸다는 의미일까? 아니면 다른 이유가 있는 것일까?

비슷한 실험을 하나 더 해 보자. 의자 위에서 펴진 종이 한 장과 구겨진 종이 한 장을 동시에 떨어뜨려 보라. 두 종이의 낙하 속도는 같을까, 다를까? 두 종이의 질량은 같지만, 떨어지는 속도는 다르다. 갈릴레이에 따르면 그런 일은 일어날 수 없는데 말이다!

> **❝ 중력이 두 물체에 미치는 영향이 다른 걸까, 아니면 중력 외에 다른 힘이 작용하는 걸까? ❞**

펴진 종이는 더 큰 **항력**, 즉 공기 저항을 경험한다. 공기 저항은 물체가 공기 중을 이동할 때 물체와 공기 사이에 생기는 마찰의 힘이다. 발사체에 작용하는 공기 저항의 크기는 발사체의 크기와 속력에 따라 달라진다.

펴진 종이는 떨어지는 방향으로 큰 **면적**을 갖는다. 면적은 항력을 키워 떨어지는 종이의 가속도가 느려지게 한다. 구겨진 종이도 항력을 겪지만, 움직이는 방향의 면적이 더 작기 때문에 공기 저항의 크기가 더 작다.

새총이나 농구공 등을 포함해 대부분의 경우는 공기 저항이 아주 작아서 무시할 수 있는 정도지만, 물체가 정말 크거나 아주 빨리 움직이면 작은 면적으로도 큰 항력을 만들어 내 탄도 궤도를 바꿀 수 있다.

공기 저항을 줄이려면 화살이나 비행기, 로켓, 심지어 자동차까지도 좀 더 **공기 역학적**으로, 달리 말하면 앞은 곡선이고 뒤로 갈수록 **뾰족**해지는 유선형으로 디자인해야 한다. 발사체가 **유선형**에 가까울수록 항력은 더 작아지고, 그로 인해 더 멀리, 빨리 날아갈 수 있다!

 **알·고·있·나·요·?**

공기 역학은 비행기 날개나 로켓 같은 것 주변의 공기가 어떻게 움직이는지를 연구하는 물리학의 한 분야다. **항공 공학자**는 더 효율적인 항공기 설계를 위해 공기 역학을 연구하는 과학자다.

달에서의 깃털 실험

달에서 이 종이 실험을 하면 어떻게 될까? 아폴로 15호의 선장 데이비드 스콧(1932~)은 달에 도착했을 때 깃털과 망치를 동시에 떨어뜨려 갈릴레이의 발견을 시연했다.

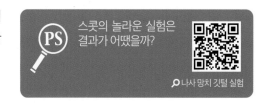

PS 스콧의 놀라운 실험은 결과가 어땠을까?

🔍 나사 망치 깃털 실험

> **6 6** 물체를 더 공기 역학적으로 만들면 놀라운 속력 달성에 도움이 된다.
> 하지만 발사체의 속력을 줄이는 것이 중요한 때도 있다. **9 9**

⚙ 낙하산

공기 중 이동 물체는 대부분 가능한 한 항력을 작게 유지하려 애쓰지만, 때로는 공기 저항이 큰 것이 도움이 된다. 예를 들어 부서지기 쉬운 물건을 대포로 발사하거나 비행기에서 떨어뜨리는 방식으로 전달하려 한다면 어떻겠는가? 속력을 줄이지 못하면 그 물건은 바닥에 충돌해 산산조각이 날 것이다.

공기 저항을 늘리는 가장 대표적인 물체는 낙하산이다. 낙하산은 접근이 어려운 곳에 중요한 보급품을 전달하거나 우주 비행사가 순조롭게 지구로 돌아오는 데 이용된다. 낙하산의 원리가 무엇이기에 이런 일이 가능할까?

낙하산은 유선형이 아니라 크게 열려 있으며 겉넓이가 크게 디자인됐다. 그 덕분에 떨어질 때 최대한 많은 공기와 접촉해 큰 공기 저항을 만들어 낸다.

> **6 6** 낙하산은 아주 많은 양의 공기를 밀어냄으로써 항력의 힘으로 속력을 줄이고
> 우주 캡슐같은 탑재물이나 스카이다이버처럼 비행하는 사람의 안전한 착륙을 도와준다. **9 9**

역사상 최초의 낙하산은 유명한 예술가이자 발명가인 **레오나르도 다빈치**(1452~1519)가 고안했다. 다빈치는 1470년대 사람을 실어 나를 수 있는 '천막 지붕'을 고안했는데, 천막 지붕을 시험해 봤다는 기록은 없지만 많은 역사가가 이를 최초의 낙하산으로 여긴다.

낙하산을 메고 하늘을 나는 스카이다이버는 비행기에서 뛰어내릴 때 땅으로 떨어지면서 공기 저항을 경험한다. 중력의 힘이 스카이다이버를 가속시킬 때 공기는 반대로 밀어낸다. 이 항력과 중력의 힘이 같을 때 스카이다이버는 더 이상 가속되지 않는다. 이때의 속도를 **종단 속도**라고 한다. 스카이다이버는 약 200km/h의 종단 속도에 도달한다!

그런데 공기 저항과 항력을 흥미로운 방식으로 이용하는 물체가 낙하산뿐일까? 이 강력한 힘을 사용할 줄 아는 다른 발사체도 알아보자.

점프!

앨런 유스터스(1957~)는 가장 높은 곳에서 뛰어내린 기록을 보유한 공학자다. 그는 기구를 타고 약 41km가 넘는 높이까지 올라갔다가 낙하산을 타고 지구로 뛰어내렸다.

 앨런 유스터스의 TED 발표 내용을 들어 보자.

🔍 유스터스 TED

야구의 타자는 공이 정점에 이를 때까지 기다렸다가 방망이를 휘두른다. 마지막 순간에 공이 예상치 못한 방향으로 휘어질지도 모르기 때문이다. 축구에서는 골인 다시 보기 영상에서 골키퍼의 쭉 뻗은 손을 피해 환상적인 곡선을 그리며 골대에 공이 꽂히는 슛 장면을 보여 준다.

던지거나 찬 공은 오직 중력과 공기 저항의 힘만 받으며 탄도 궤도를 따라간다. 뉴턴의 운동 제1 법칙에 따르면 물체가 속력이나 방향을 바꾸려면 힘이 필요한데, 야구공이나 축구공은 어떻게 곡선으로 날아갈까?

> ❝ 수년간 사람들은 운동 경기의 커브 볼이 상대 팀을 놀리는 눈속임이라고 생각했다.
> 커브볼은 착시일까, 실제일까? ❞

이 질문의 답변에 특별한 공이 도움을 줄 수 있다. 바로 위플볼이다. 위플볼은 공중에서 어떻게 움직일까? 야구공이나 테니스공처럼 안정적으로 날아가지 않고 경기장을 꿈틀거리며 나아간다. 위플볼의 움직임은 97쪽 탐구 활동을 통해 직접 확인할 수 있다.

위플볼에 난 구멍은 제멋대로 방향을 바꾸고 갑작스럽게 떨리는 공의 움직임에 중요한 역할을 한다. 공기가 공의 구멍을 통과하고, 공 위아래로 흐르면서 요동치는 탓이다. 주변의 공기 흐름이 매끄럽지 않기 때문에 공은 공기 저항을 부분별로 다르게 느낀다.

뉴턴의 운동 제1 법칙을 기억한다면, 균형이 맞지 않는 힘은 물체의 방향이나 속력을 바꿀 수 있다는 사실도 알고 있을 것이다. 불균형한 힘은 던져진 위플볼을 극적으로 휘거나 내려가거나 곤두박질치게 만든다. 그렇다고 발사체의 이상한 움직임에 꼭 구멍이 필요한 것은 아니다. 공에 회전을 가해도 똑같은 효과를 얻을 수 있으니까 말이다.

📡 알·고·있·나·요·?

최초의 위플볼은 향수 포장 용기로 만들어졌다. 1953년에 데이비드 멀라니라는 아이의 아빠가 아들이 쉽게 커브볼을 던질 수 있게 하려고 향수 포장 용기였던 공 모양의 단단한 플라스틱에 면도날로 구멍을 낸 데서 유래했다.

커브볼로 유명한 딕 루돌프(1887~1949)는 이 사진처럼 공을 잡았다.
출처: 미국 의회 도서관

⚙️ 커브볼과 감아 차기

투수는 공을 잡을 때 공이 아주 빠르게 회전하면서 변화구로 날아가기 쉽도록 잡는다. 공이 회전하면 공과 함께 얇은 공기층이 회전하는데, 공기 흐름 방향과 공의 회전 방향이 반대되는 쪽 공기는 느리게 흐르도록 만들기 때문이다. 이로 인해 공 위아래 압력에 차이가 생기면서 공을 회전 방향으로 밀어낸다.

> ❝ 공은 본루 쪽으로 날아가면서 자기를 반대 방향으로 밀어내는 공기와 충돌한다. ❞

공의 회전 방식은 쥐거나 차는 방법에 따라 달라진다. 그에 따라 공이 휘어지는 방향도 왼쪽이나 오른쪽, 또는 위아래로 달라진다. 이것을 **마그누스 효과**라고 한다. 커브볼이 곡선을 그리고, 골프공이 슬라이스를 내고, 축구공이 마치 골키퍼를 피해 골대에 꽂히는 것처럼 보이는 것은 모두 마

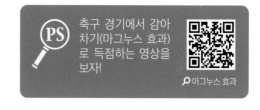

PS 축구 경기에서 감아 차기(마그누스 효과)로 득점하는 영상을 보자!

🔍 마그누스 효과

그누스 효과 때문이다. 공을 던지거나 넘길 때는 약간이라도 스핀이 들어갈 수밖에 없는데, 운동 선수들은 공에 스핀을 넣음으로써 입이 떡 벌어지게 놀라운 현상을 보여 준다. 그렇다면 만약 공에 스핀이 전혀 없다면 어떤 현상이 일어날까?

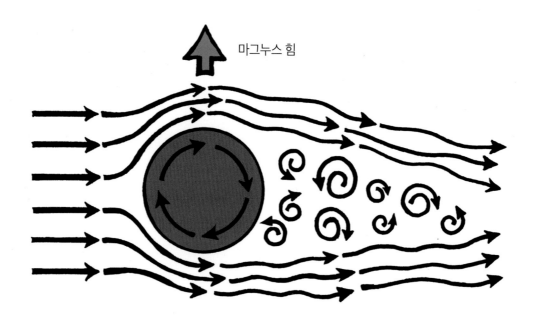

마그누스 힘

⚙ 너클링

야구를 좋아한다면 **너클볼**이라는 말도 들어 봤을 것이다. 너클볼은 다른 투구와 달리 공이 가능한 한 적게 회전하도록 던진다. 그 결과 예측이 어려워 타자가 쳐내거나 수비수가 잡기 힘든 투구가 나온다. 공의 움직임이 둥둥 떠서 춤추는 것 같다고 해서 나비와 비교되곤 하는데, 공에 회전이 없기에 투수조차 공의 변화를 가늠할 수 없다. 그래서인지 야구에서 예측 불가능한 너클볼의 움직임을 제어할 줄 아는 투수는 불과 몇 명 되지 않는다.

너클볼은 멀리 날아가지도 못하고, 속도도 느린 편이지만 변화가 워낙 극적이라 이런 면이 약점으로 작용하지는 않는다. 그렇다면 너클볼의 원리는 무엇일까? 과학자들도 아직 확실하게 알아내지는 못했다. 바람이나 공 자체의 흠집, 공을 놓는 위치 등이 영향을 미치지 않을까 추측할 뿐이다. 몇몇 과학자는 너클볼을 던질 때 야구공의 실밥이 공 주변의 얇은 공기층에 난기류를 일으킨다고 생각한다. 마치 커브볼처럼 말이다. 하지만 커브볼과 달리 이 공 주변의 불규칙한 공기의 흐름은 너클볼을 한 방향이 아니라 여러 방향으로 밀어낸다. 이런 현상을 **너클링 효과**라고 부른다.

그런데 너클링 효과는 야구에서만 볼 수 있는 것일까? 그렇지는 않다. 축구 경기에서 거의 스핀 없이 공을 찰 때도 볼 수 있다. 축구공은 야구공처럼 튀어나온 실밥이 없으니 너클링 효과에는 분명히 뭔가 다른 요인이 있을 것이다. 너클링 효과의 원인은 과연 언제쯤 밝혀질까?

좋은 투구

R. A. 디키(1974~)라는 이름을 들어 본 적 있는가? 디키는 2012년 미국 내셔널 리그 최고의 투수로 사이 영 상을 받았다. 이 상은 미국 프로 야구에서 1890년부터 1911년까지 활약한 투수 사이 영을 기념해 1956년 제정된 상으로, 아메리칸 리그와 내셔널 리그별로 그해 최우수 투수에게 수여한다. 디키는 너클볼 투수 중 최초로 사이 영 상을 받았다. 디키의 너클볼은 여러모로 정말 놀랍다!

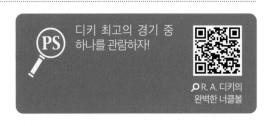

디키 최고의 경기 중 하나를 관람하자!

🔍 R. A. 디키의
완벽한 너클볼

⚙ 터치다운!

많은 운동 경기에서 스핀을 발사체의 탄도 궤도 바꾸기에 사용하지만, 스핀은 발사체가 올바른 방향으로 계속 나아가게도 만들 수 있다. 미식축구를 예로 들어 보겠다. 미식축구공은 모양이 매우 흥미롭다. 축구공처럼 동그랗지 않다. 양 끝은 뾰족하고 중간은 두툼하다. 이 공을 잘 던지려면 어떻게 해야 할까?

훌륭한 쿼터백 선수는 놀라운 정확도로 엄청나게 멀리까지 공을 던질 수 있다. 반면, 연습도 하지 않은 사람이 미식축구공을 던지려 하면 공이 그리 멀리 가지 않을 것이다. 경험 없는 선수는 공이 손에서 떠나자마자 데굴거리는 모습을 보게 될 테고.

 알·고·있·나·요·?

미식축구공 모양의 수학적 명칭은 '장축 타원체(prolate spheroid)'다. 장축 타원체로 경기를 한다니 이상하다고? 물론 미식축구공의 이름은 장축 타원체 공이 아닌 그냥 미식축구공이다.

> ❝ 미식축구공은 던지기가 매우 어려운데,
> 미식축구 선수들은 어째서 쉽게 공을 던지는 것처럼 보일까? ❞

야구의 투수처럼 미식축구의 쿼터백도 손에서 떠나는 공에 스핀을 넣는다. 이것을 '나선형 투구'라고 한다. 나선형 투구를 던지려면 공의 뾰족한 양 끝을 연결하는 가상의 선, 축 중심으로 공을 회전시켜야 한다. 나선형 투구를 던지기란 결코 쉽지 않다. 프로 미식축구 선수처럼 완벽한 나선형 투구를 던지려면 연습이 아주 많이 필요하다. 최고의 운동선수도 나선형 투구를 제대로 던지기 어려울 수 있다. 그런데 왜 그렇게 어렵게 공을 던지는 것일까? 야구의 투수는 공에 스핀을 넣어 치기 어렵게 만들지만, 미식축구의 쿼터백 선수는 공에 스핀을 넣어 잡기 쉽게 만든다. 회전하는 미식축구공이 각운동량을 갖기 때문이다.

❝ 뉴턴의 운동 제1 법칙에 따르면, 물체는 운동 중일 때 관성으로 인해 그 움직임을 바꾸지 않으려고 한다. ❞

이런 현상은 회전 물체에서도 일어난다! 회전 중인 팽이는 넘어지지 않고 계속 같은 방향으로 돌려고 한다. 축 중심으로 회전하는 미식축구공도 팽이처럼 어떻게든 방향을 바꾸지 않으려 한다. 이 말인즉, 공이 처음에 던진 방향으로 계속 향한다는 뜻이다. 이것을 회전 안정화라고 한다.

잘 던진 나선형 투구는 공의 떨림을 줄여줄 뿐만 아니라 공을 더욱더 공기 역학적으로 만들어 주고, 훨씬 더 잡기 쉽게 도와준다. 스핀 없이 미식축구공을 던지면 회전하며 날아갈 텐데, 그렇게 구르며 날아가는 공은 막판에 잡기가 정말 어렵다.

알·고 있·나·요?

양궁에서 화살 역시 회전하도록 설계됐다. 화살의 후미에는 깃털 같은 재료로 된 **깃대**라는 것을 살짝 비틀어 단다. 이것은 화살이 날아가면서 회전하게 만들어 궁수의 적중률을 높인다!

자이로스코프란?

회전 물체는 방향을 바꾸려 하지 않기 때문에 온갖 흥미로운 일을 할 수 있다. **자이로스코프**는 줄이나 손가락 끝에 올려놔도 쉽게 균형을 잡을 수 있으며, 비행기와 우주선이 어느 방향을 향하는지 알아내는 데도 사용된다.

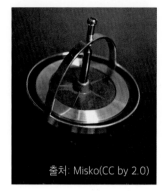

출처: Misko(CC by 2.0)

 자이로스코프에 대해 더 알아보자!

 🔍 자이로스코프

⚙️ 소총

회전 안정화를 쿼터백 선수와 궁수만 이용하는 것이 아니다. 총알 역시 회전한다. 가장 초기의 총알은 작은 금속 구슬로, 총신 안에서 마구 튕겨 총알의 탄도 예측이 어려웠다. 이에 목표물을 확실히 맞추려면 **사수**가 표적 가까이 다가가야 했다. 그렇지 않으면 총알이 빗나갈 확률이 높았던 탓이다.

남북전쟁에서 사용된 탄환. 버지니아 주 프레데릭스버그 지역의 땅에서 발견됐다.

총의 적중률은 16세기 한 가지 중요한 부분을 개선하면서 높아졌다. 총신 내부에 홈을 여럿 파내 사수가 훨씬 먼 거리에서도 전보다 쉽게 표적을 맞히도록 만든 것이다. 총알이 총신을 통과하면, 쿼터백 선수의 나선 패스와 똑같이 홈들이 발사체를 회전시킨다. 이 기술을 라이플링이라 하고, 이 때문에 소총을 영어로 라이플이라 부른다.

19세기에 마침내 원뿔 모양의 총알이 등장했고 공기역학적으로 더 효율성을 띠게 됐다. 이 모든 개선 사항 덕분에 소총은 훨씬 더 정확하고, 치명적으로 바뀌었다.

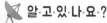

알·고·있·나·요·?

전쟁에서 현대식 유선형 총알이 처음으로 널리 사용된 것은 미국 남북전쟁(1861~1865) 때였다.

> **❝** 지난 세기에 많이 발전하기는 했지만,
> 소형 화기와 총알의 기본 구조와 배경이 되는 물리학은 변함없이 그대로다. **❞**

총기 규제에 관한 토론

최근 벌어진 모든 전쟁의 여러 전투에서 총포, 소총 같은 소형 화기는 중요한 역할을 했다. 이에 소형 화기는 여러 나라에서 논란이 많은 주제다. 대한민국처럼 소형 화기 소지 자격과 소지 가능한 화기 종류를 엄격하게 법으로 제한하는 나라도 있다. 반면, 영미권에서는 상대적으로 소형 화기 소지에 너그러운 편이다.

"잘 규율된 민병대는 자유로운 주의 안보에 필수적이므로, 무기를 소장하고 휴대하는 인민의 권리는 침해될 수 없다."

위는 미국 수정 헌법 제2조다. 대다수 미국인은 수정 헌법 제2조가 소형 화기를 제약 없이 보관하고 소지할 권리를 부여한다고 믿지만 몇몇 사람들은 이 헌법 조항이 무기 제약을 전제로 쓰인 조항이라고 주장한다. 과연 무엇이 정답일까?

생각을 키우자!

공기 중 발사체 운동 조종 방법에는 어떤 것이 있을까? 어째서 그런 방법을 쓰는 것일까?

탐·구·활·동

피사의 실험, 세 번째

갈릴레이는 피사의 사탑에서 또 다른 실험도 수행했다. 지난 실험 덕분에 '중력은 모든 물체를 같은 식으로 잡아당긴다'는 사실이 증명됐다. 테니스공과 덤프트럭처럼 무게와 크기가 전혀 다른 두 물체가 같은 속력으로 낙하하고 동시에 땅에 떨어지는 까닭을 밝혀낸 것이다. 이번 실험에서는 수평 운동과 수직 운동이 독립적이라는 사실이 증명됐다. 우리도 종이로 똑같이 실험해 보자!

1 〉 종이 2장 중 1장만 구겨서 공 모양을 만들자. 다른 1장은 펴진 채로 둔다.

2 〉 양손에 각각 종이를 든다. 펴진 종이는 지면에 평행해야 한다. 구겨진 종이도 펴진 종이와 같은 높이로 들자.

3 〉 펴진 종이와 구겨진 종이를 동시에 떨어뜨려라. 무슨 일이 벌어질까? 관찰 내용을 공학자 공책에 기록하자.

토론거리

• 두 종이의 운동을 비교해 보자.
• 초시계로 각 종이의 낙하 시간을 재고 속력을 기록하라. 차이가 있을까? 있다면 무엇 때문일까?
• 두 종이의 운동에는 어떤 힘이 영향을 미칠까?
• 뉴턴과 갈릴레이는 이 실험에 대해 뭐라고 말할까?

이것도 해 보자!

펴진 종이를 세로로 들면 낙하하는 방식이 달라질까? 종이를 다른 모양으로 접거나 만들어서 낙하 속도를 바꿀 수 있을까? 종이와 같은 크기와 모양의 물체(가령 커다란 책 1권)를 펴진 종이 1장과 동시에 떨어뜨려 보라. 두 물체의 낙하 방식은 어떻게 다른가?

DIY 낙하산 만들기

새총이나 캐터펄트, 로켓 아니면 그냥 세게 던져서 배달하고 싶은 중요한 짐이 있는가? 그렇다면 그 짐의 착륙을 도와줄 낙하산이 필요할 것이다!

1 > **낙하산을 만들 얇고 가벼운 재료를 고르자.** 천이나 종이, 자를 수 있는 플라스틱 등이 좋다. 재료를 골랐다면 원 모양으로 잘라라.

2 > **낙하산 가장자리를 따라 작은 구멍을 4개 이상 뚫는다.** 구멍의 간격은 일정해야 한다.

3 > **구멍의 개수와 같은 수의 끈을 잘라 두자.** 끈의 길이는 모두 같아야 한다.

4 > **끈을 각 구멍에 묶어라.** 테이프로 다시 한 번 단단히 고정한다.

5 > **끈의 늘어진 부분을 아래쪽에서 모아 하나로 묶자.** 거기에 탑재물을 부착한다. 테이프나 접착제, 또는 다른 끈을 이용하라.

6 > **낙하산을 시험하자!** 안전한 높이에서 탑재물을 떨어뜨리고 어떻게 움직이는지 관찰하자. 소중한 짐이 살아남았는가?

토론거리

- 낙하산은 어떻게 짐이 곧바로 추락하지 않도록 할까? 거기에는 어떤 힘이 작용할까?
- 짐의 질량은 낙하산에 어떤 영향을 미칠까?
- 낙하 높이가 낙하산의 작동 방식에 영향을 미칠까?

이것도 해 보자!

낙하산을 다른 모양으로 만들어 보자. 가장 좋은 모양이 따로 있을까? 그렇다면 왜 그렇고, 아니라면 이유가 무엇일까? 낙하산 한가운데 작은 구멍 하나를 뚫는다. 이 구멍은 낙하산의 작동 방식에 영향을 미칠까?

위플볼을 요동치게 만드는 것은 무엇일까?

위플볼 경기를 해 본 적 있는가? 이 이상한 플라스틱 공은 그 말도 안 되는 커브와 급강하로 물리학 법칙을 거역하는 것처럼 보인다. 위플볼을 그렇게 독특하게 행동하게 만드는 것은 무엇일까?

1〉위플볼 2개를 테이프로 감싸자. 가능한 각 공에 같은 양의 테이프를 사용해야 한다.

2〉위플볼 하나는 테이프에 구멍을 뚫어라. 다른 하나는 구멍을 덮은 채로 둔다.

3〉운동장에서 테이프로 덮인 공과 구멍이 뚫린 공을 여러 번 던져 보자. 공이 어떻게 움직이는지 주의 깊게 관찰하라.

4〉매번 같은 거리에서 같은 방식으로 공을 던지려고 최대한 노력하자. 각 실험의 탄도 궤도를 공학자 공책에 그려 보라.

토론거리

• 두 가지 공의 움직임에 차이가 있을까? 있다면 그 차이를 만드는 이유는 무엇일까? 아니라면 이유가 무엇일까?

• 위플볼을 비슷한 양의 테이프로 감싼 이유는 뭘까? 그리고 왜 공을 매번 같은 방식으로 던지라고 했을까?

이것도 해 보자!

발사체 가속 방식이 발사체의 움직임에 영향을 미칠까? 캐터펄트나 새총 같은 것으로 공을 던져 보자. 테이프로 덮인 위플볼도 다시 던져 보라. 위플볼을 다시 던지기 전 한쪽에만 구멍을 뚫자.

뚫린 구멍이 매번 다른 방향으로 향하도록 공을 여러 번 던져 보라. 이것이 공의 움직임에 영향을 미칠까, 미치지 않을까? 슬로 모션으로 공의 운동을 촬영하고 탄도를 비교해 보자. 다른 점은 무엇이고 같은 점은 무엇일까? 카메라로 차이를 측정할 수 있을까?

회전하는 공 던지기

미식축구 선수들은 쉽게 나선형 투구를 하는 것처럼 보이지만, 사실 이것은 어렵다! 그렇다면 왜 처음부터 애써 공을 회전시키려고 했을까?

1〉**팽이나 피젯 스피너를 사용하라.** 피젯 스피너는 한 손에 쥐고 반복적인 회전 동작을 할 수 있는 장난감을 가리킨다. 둘 다 없다면 하나 만든다.

2〉**팽이를 직접 만드는 경우 구멍 뚫린 구슬, 비즈 하나를 나사받이에 붙이자.** 비즈의 구멍이 나사받이 한가운데 있어야 한다. 나사받이란 볼트나 너트로 물건을 죌 때 너트 밑에 끼우는 둥글고 얇은 쇠붙이를 가리킨다.

3〉**이쑤시개같이 얇은 막대기를 5cm 정도 길이로 잘라라.** 막대기가 나사받이와 비즈의 구멍을 통과해 비즈 아래쪽으로 0.6cm 정도 튀어나오게 밀어 넣는다. 막대기와 비즈를 접착제로 붙인다.

4〉**팽이를 돌리지 말고 균형을 맞춰 세워 보자.** 가만히 서 있는가? 쓰러지는가?

5〉**팽이를 돌려라!** 움직임이 어떤지, 무엇을 관찰했는지 이야기해 보자. 팽이는 무엇을 하고, 또 하지 않는가?

토론거리

• 팽이나 스피너가 돌아갈 때의 운동 모습으로 무엇을 알 수 있을까?
• 뉴턴의 운동 법칙으로 팽이가 어떻게 넘어지지 않고 돌아가는지 설명할 수 있을까?
• 돌던 팽이가 멈추면 어떻게 될까?
• 팽이나 스피너 놀이가 미식축구공 패스 시 스핀 넣는 이유를 이해하는데 도움이 될까?

이것도 해 보자!

팽이처럼 회전하는 물체에 중요한 것은 무엇일까? 모양이나 무게, 크기가 얼마나 오래 돌아가는지를 좌우할까? 다른 물체도 팽이처럼 돌릴 수 있을까? 무엇이 좋은 팽이 또는 스피너를 만드는지 다양한 재료로 실험해 보자.

던져 봐!

미식축구공 같은 타원체에 스핀을 넣어 던지기는 쉽지 않지만 연습하면 누구나 할 수 있다!

1〉탁 트인 야외에 표적을 놓자. 표적과 최소 1, 2m 떨어져 서자.

2〉표적에 다 쓴 키친타월 심을 던지자. 우선 스핀 없이 던져 보라. 표적을 맞힐 때마다 1점씩 점수를 주자.

3〉긴 쪽을 축으로 스핀을 넣어 던져 보자. 제대로 하려면 연습이 필요할 것이다. 키친타월 심을 손끝으로 굴려 보자. 스핀이 표적 맞히기에 도움이 될까? 성공할 때마다 2점씩 점수를 주자.

토론거리

- 스핀 없이 키친타월 심을 던졌을 때, 키친타월 심이 예상대로 움직이고 표적을 맞혔는가?
- 키친타월 심에 스핀을 넣은 결과는 어땠나? 스핀 없이 던질 때보다 표적 맞히기가 더 쉬웠나, 아니면 어려웠나?
- 스핀을 넣은 것과 넣지 않은 것 중 어느 쪽이 더 정확할까?
- 위 질문에 대해 그렇게 대답한 이유를 설명해 보라. 또 다른 예를 들 수 있을까?
- 이 경우에 적용되는 운동의 법칙은 무엇일까?

이것도 해 보자!

미식축구공을 던져 보자. 던지기가 쉽지 않을 것이다. 스핀을 넣어 던질 수 있는 다른 발사체에는 무엇이 있을까?

101쪽 **태양계(solar system):** 태양을 중심으로 공전하는 천체의 집합. 태양, 8개의 행성, 행성 주변을 도는 소행성, 혜성, 왜성 형태의 더 작은 천체들로 구성된다.

101쪽 **우주 탐사선(probe):** 우주 공간 탐험에 사용하는 우주선이나 다른 장치.

102쪽 **콘스탄틴 치올콥스키(Konstantin Tsiolkovsky):** 구소련의 중학교 교사이자 물리학자다. 우주 비행 이론의 개척자로 《로켓에 의한 우주공간의 탐구》라는 논문을 썼다. 1957년 치올콥스키 탄생 100주년을 맞아 세계 최초의 인공 위성 '스푸트니크 1호'가 우주로 발사됐다.

102쪽 **로버트 고더드(Robert Goddard):** 미국의 과학자로, 우주 개발 시대를 여는 데 큰 역할을 했다. 다단 로켓을 포함해 로켓 관련해서 모두 214개의 특허를 획득했다.

102쪽 **추진제(propellant):** 로켓의 추진력을 만들기 위해 연소시키는 연료와 산화제의 총칭.

102쪽 **탄도 유도탄(ballistic missile):** 발사 방향으로 날아가다 연료 연소 후 중력에 의해 표적까지 끌려가는 유도탄.

103쪽 **탄두(warhead):** 미사일의 폭발하는 부분.

103쪽 **베르너 폰 브라운(Wernher von Braun):** 독일 출생 미국의 로켓 연구가. 최초의 실용 로켓인 V-2과 달에 다녀온 새턴 로켓을 개발했다.

103쪽 **소련(Soviet Union):** 1922년부터 1991년까지 존재한 나라. 지금의 러시아가 소련의 일부였다.

104쪽 **인공위성(artificial satellite):** 지구나 달, 또는 다른 행성 주위를 도는 인간이 만든 물체.

104쪽 **안테나(antenna):** 전파를 주고받는 금속으로 된 막대.

106쪽 **액체 연료 로켓(liquid-fueled rocket):** 액체 추진제로 추진력을 만드는 로켓.

106쪽 **연소실(combustion chamber):** 로켓에서 액체 연료와 산화제를 조합해 화학 반응을 이끌어 내는 부분.

106쪽 **수소(hydrogen):** 공기보다 가벼운 무색무취의 가연성 기체.

106쪽 **액체 산소(liquid oxygen):** 산소 기체를 압축할 때 만들어지는 액체.

106쪽 **산화제(oxidizer):** 산소가 함유된 물질로, 로켓 엔진에서 연료와 섞여 추진력을 만들어낸다.

106쪽 **고체 연료 로켓(solid-fueled rocket):** 고체 추진제를 사용하는 로켓.

106쪽 **연소(combustion):** 열과 빛을 만들어 내는 화학 반응.

106쪽 **배기가스(exhaust):** 로켓 엔진이 만들어 내는 뜨거운 기체.

106쪽 **이륙(departure):** 비행체가 비행하기 위해 땅에서 떠오름.

108쪽 **부스터 로켓(booster):** 다른 항공기의 이륙에 필요한 동력을 제공하는 로켓.

108쪽 **(로켓의) 단(stage):** 자체 연료가 다 소진되면 분리되는 작은 로켓. 다른 로켓의 추진력을 높이기 위해 이용한다.

110쪽 **궤도(orbit):** 우주에서 한 물체가 다른 물체 주위를 도는 경로.

111쪽 **고도(altitude):** 해수면을 기준으로 한 어떤 물체의 높이.

112쪽 **역추진 로켓(retro-rocket):** 운동 방향의 반대 방향으로 발사해서 우주선의 속력을 떨어뜨리는 로켓.

112쪽 **열 차폐(heat shield):** 열로부터 부품을 보호하기 위한 금속판.

112쪽 **요하네스 케플러(Johannes Kepler):** 독일의 천문학자. 행성의 운동에 관한 제1 법칙 '타원 궤도의 법칙'과 제2 법칙 '면적 속도 일정의 법칙'을 발표해 코페르니쿠스의 지동설을 수정, 발전시켰다.

113쪽 **지구 탈출 속도(escape velocity):** 물체가 지구의 중력을 벗어나기 위해 가져야 하는 최소 속도.

로켓 발사!

3……2……1! 로켓이 발사됐다! 발사된 로켓은 순식간에 우리 눈앞에서 사라져 대기권을 뚫고 우주로 나아간다. 우리는 로켓 덕분에 실제로 달에 가 볼 수도 있었고, 명왕성의 실제 사진을 볼 수도 있었다. 로켓은 앞으로 우리를 어디까지 데려다줄까?

로켓은 다른 어떤 발사체보다도 더 높이, 빨리, 멀리 날 수 있다. 태양계 너머로 우주 탐사선을 날려 보냈을 뿐만 아니라 달에도 사람들을 데려갔다. 그래서 어쩐지 공이나 총알 같은 다른 발사체와 별 공통점이 없어 보인다. 하지만 우주선으로 쓰이는 로켓에도 공과 화살의 경로를 만들어 내는 힘과 똑같은 힘이 작용한다. 고대의 투석기와 로켓의 원리는 다르지 않다.

생각을 키우자!

새총으로 돌멩이 던지기와 로켓 발사는 어떤 점이 비슷할까? 또 어떤 점이 다를까?

⚙️ 로켓의 역사

아주 최근에 발명된 것처럼 보일지도 모르지만, 솔직히 로켓은 사람들의 생각보다 훨씬 더 오래전부터 존재해 왔다. 무려 새총보다 더 오래됐다. 최초의 로켓은 13세기 중국에서 등장했다.

이 로켓은 죽통에 초기 화약을 채운 화창 모양이었는데, 불 붙이기조차 아주 위험했다. 죽통이 적에게 날아가는 경우 못지않게 발사하는 사람의 손에서 폭발하는 경우도 많았기 때문이다. 이런 초기 로켓은 종종 불꽃놀이 하듯 섬광과 요란한 소음으로 적을 겁주는 용도로 쓰였다. 이후 로켓은 유럽과 중동으로 서서히 퍼

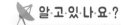

알·고·있·나·요·?

1812년 6월부터 1815년 2월까지 미국과 영국, 그리고 양국 동맹국은 치열한 전쟁을 벌였다. 이 전쟁 당시 영국군은 맥헨리 요새 공격에 로켓을 사용했다.

졌고, 더 강력한 화기로 대체되기 전까지 수 세기 동안 불꽃놀이와 전쟁 무기로 활약했다.

때에 따라 엄청난 높이까지 날아갈 수 있는데도, 19세기 말까지 사람들은 로켓으로 우주를 탐험할 수 있다고 생각하지 못했다. 이런 생각이 처음 등장한 것은 1898년이다. 이해, 러시아인 교사 **콘스탄틴 치올콥스키**(1857~1935)는 어떻게 하면 로켓이 우주로 나갈 수 있을지 설명했다.

치올콥스키는 화약 같은 고체 연료 대신 등유 같은 액체 연료를 사용하면 당시 유일한 항공기였던 기구보다 훨씬 더 높이까지 로켓을 올려 보낼 수 있다고 주장했다. 이 아이디어에 전 세계 사람들이 흥분했고, 그중에는 **로버트 고더드**(1882~1945)라는 미국인도 있었다. 1926년, 고더드는 액체 **추진제**를 사용한 최초의 로켓을 발사했다. 이 로켓은 약 12m 상공까지 날아갔다.

> ❝ 고더드는 더 크고 강력한 로켓을 제작했고,
> 자이로스코프 시스템으로 비행 중 로켓 조종도 가능하게 만들었다. ❞

고더드는 자신이 만든 로켓으로 대기를 연구하고, 낙하산으로 지상까지 안전하게 로켓을 데려오는 회수 시스템도 구축했다. 고더드의 로켓은 여러모로 근대 로켓 공학의 시초라 할 만하다.

로켓 공학은 제2차 세계 대전 중 독일이 V-2 로켓이라는

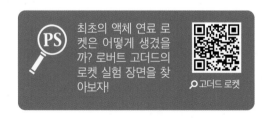

PS 최초의 액체 연료 로켓은 어떻게 생겼을까? 로버트 고더드의 로켓 실험 장면을 찾아보자!

🔍 고더드 로켓

최초의 **탄도 유도탄**을 발명하면서부터 급격히 발전했다. V-2는 당시 어떤 비행기보다 훨씬 더 빨랐는데, 가장

1926년 로버트 고더드가 자신의 액체 연료 로켓 옆에 서 있다.
출처: 미국 공군

베르너 폰 브라운이 설계하고 만든 V-2 로켓.
출처: 미국 공군

빠른 경우 음속보다 빠른 약 5,630km/h의 속력으로 비행했다. V-2는 비행 중 연료가 소진되면 표적까지 탄도 궤도를 따라 이동한다. 약 1,000kg의 **탄두**를 장착한 이 유도탄은 도시 한 구역을 완전히 파괴할 수도 있었다. 이후 V-2는 인간이 만든 물체 중 최초로 우주로 나아갔다.

V-2의 설계자 **베르너 폰 브라운**(1912~1977)은 제2차 세계대전이 끝난 후 조국이었던 독일이 패전하자 미국에 투항해 달에 인간을 먼저 보내려는 미국과 **소련** 사이의 경쟁에서 중요한 역할을 담당했다. 그러나 당시 기

베르너 폰 브라운

독일의 나치당원이라는 이력 때문에 폰 브라운에 대한 논란은 끊이지 않는다. V-2를 만들기 위해 독일군은 강제 수용소에 갇힌 사람들에게 강제 노역을 시켰는데, 지하의 위험한 조건에서 강제로 일하면서 수만 명의 사람들이 목숨을 잃었다. 사실 V-2를 만들다가 죽은 사람이 V-2를 무기로 써서 죽인 사람보다 많다고 한다. 폰 브라운은 그 끔찍한 작업 환경에 대해 아는 바가 없다고 말했지만, 많은 역사학자가 이 주장을 의심한다.

새턴 V

새턴 V는 지금까지 날려 보낸 로켓 중 가장 크다. 그 이륙 중량은 약 280만kg이고 길이는 약 110m다. 축구 경기장 길이보다 더 길다! 발사 시 약 340만kg의 추진력을 만들어 내는데, 이는 후버 댐 85개의 추진력을 합친 것보다 더 강력하다! 참고로 후버 댐은 1936년 완공된 미국 최대 규모의 댐이다. 새턴 V는 이처럼 놀라운 추진력으로 아폴로 호의 우주 비행사들을 달로 데려다줬다!

시각화한 데이터로 새턴 V에 대해 더 자세히 알아보자!

🔎 스페이스 새턴 V 인포그래픽

준으로 가장 앞선 로켓이었던 폰 브라운의 V-2 역시 지구를 완전히 벗어나지는 못했다. 항상 지구로 다시 떨어지거나 폭발했다. 우주의 경계까지 갈 수는 있었지만, 거기에 머물 수는 없었다. 우주에 도달하려면 훨씬 더 강력한 로켓이 필요했다.

> **❝** 미국과 소련 둘 다 세계에서 가장 강력한 로켓을 갖고 싶어 했다. **❞**

1957년 10월 4일, 드디어 최초의 **인공위성**이 궤도에 올랐다. 무선 **안테나**가 몇 개 달린 작은 은색 공 모양을 한 소련의 스푸트니크 호는 90분에 한 번씩 지구를 돌았다. 세계는 깜짝 놀랐다. 그로부터 불과 12년 후, 닐 암스트롱(1930~2012)과 버즈 올드린(1930~)은 거대한 새턴 V 로켓을 타고 우주로 나갔고, 달에 발을 디딘 최초의 인간이 됐다!

⚙ 로켓이란 무엇일까?

로켓은 캐터펄트, 소총과 달리 발사체 가속을 위한 별도의 기계가 없다. 대신 발사체 가속 기계인 엔진을 싣고 날아간다. 로켓 엔진은 무거운 탑재물을 위로 나르거나 지구로부터 멀리 운반할 수 있는 엄청난 양의 힘을 제공한다. 강력한 엔진은 위성이나 우주 탐사선, 우주 비행사 등을 우주로 데려다주기도 한다. 그런데 로켓 엔진은 어떻게 물체를 움직일까?

📡 **알·고·있·나·요?**

'로켓'이라는 용어는 사람과 물건을 우주로 나르는 기기를 뜻할 수도 있고, 우주로 나아가는 데 사용하는 강력한 엔진을 뜻할 수도 있다!

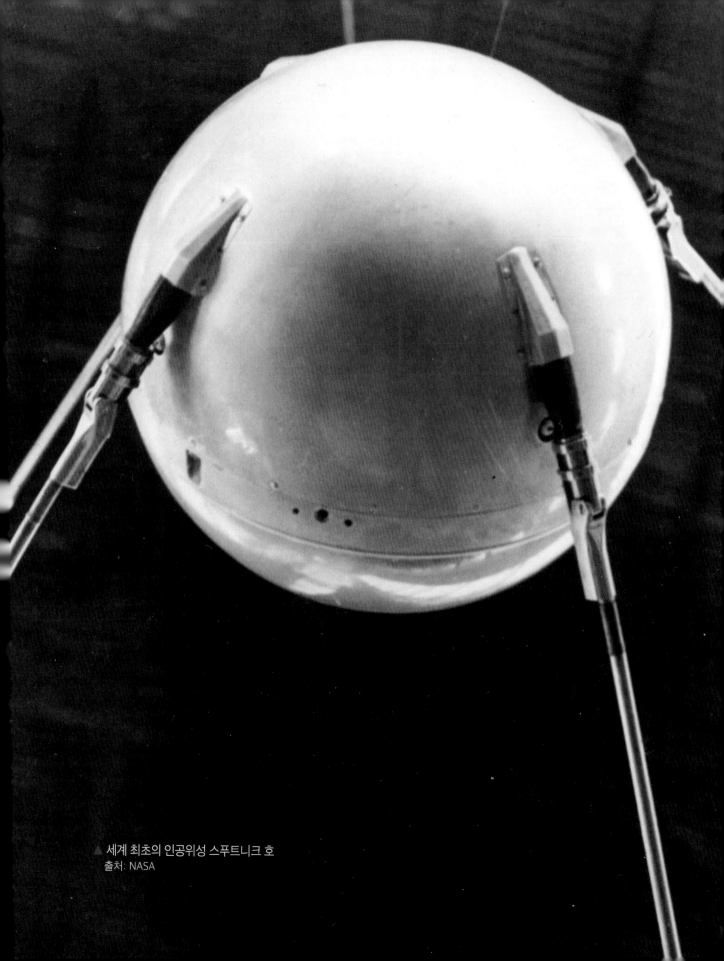

▲ 세계 최초의 인공위성 스푸트니크 호
출처: NASA

오늘날의 우주 탐험

오늘날에는 로켓으로 하는 우주 비행이 일반적인 일 같지만, 우주에 가기란 여전히 아주 어렵고 비용도 많이 든다. 스페이스엑스나 블루 오리진 같은 민간 기업은 과거의 대부분 로켓과 달리 여러 번 비행할 수 있는 재사용 로켓을 만들고 있다. 이 로켓이 보다 많은 사람을 우주로 데려다줄 수 있을까?

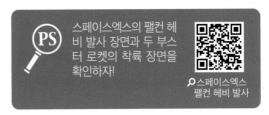

PS 스페이스엑스의 팰컨 헤비 발사 장면과 두 부스터 로켓의 착륙 장면을 확인하자!

🔍 스페이스엑스 팰컨 헤비 발사

로켓 역시 뉴턴의 운동 제3 법칙에 따라 움직인다. 풍선을 불면 공기가 고무로 된 풍선 내벽을 밀어냄으로써 계속 부푼다. 하지만 풍선 주둥이를 열면 공기가 한 방향으로 급히 빠져나오면서 풍선이 그 반대 방향으로 쏜살같이 날아간다. 이 힘을 추진력이라 한다. 로켓을 우주로 데려다주는 힘도 바로 추진력이다. 무거운 것을 옮기려면 추진력이 많이 필요하다. 그래서 로켓은 로켓 연료의 화학 위치 에너지를 운동 에너지로 변환한다!

⚙️ 추진

로켓 엔진은 크게 두 가지로 나뉜다. **액체 연료 로켓** 엔진은 연소실에서 액체 수소 등의 연료가 **액체 산소** 같은 **산화제**와 섞인다. 두 물질은 그곳에서 만나고, 만나자마자 아주 빨리 연소한다. **고체 연료 로켓**의 경우, 연료와 산화제를 섞어 고체 추진제를 만든 후 조심스럽게 로켓 엔진 안에 넣는다. 점화된 추진제는 아주 높은 열을 내며 순식간에 **연소**한다.

액체 연료든 고체 연료든 로켓 엔진은 모두 **배기가스**라는 극도로 뜨거운 기체를 만든다. 만들어진 배기가스는 팽창하면서 로켓으로부터 배출되고, 로켓은 묶지 않고 주둥이에서 손을 뗀 풍선처럼 배기가스를 내뿜으며 반대 방향으로 맹렬히, 재빠르게 추진, 이륙한다!

📡 **알·고·있·나·요·?**

로켓이 올라갈 때는 엔진이 힘을 가한다. 그러므로 엔진이 작동할 때의 로켓은 탄도 궤도에 있다고 말할 수 없다. 하지만 엔진이 꺼지면 중력과 공기 저항만이 로켓의 비행에 영향을 미치므로 탄도 궤도로 진입한다고 볼 수 있다.

◀ 로켓 발사! 추진력이 엄청나다.
출처: NASA

왜 로켓 엔진은 두 종류일까?

액체 연료 로켓과 고체 연료 로켓은 각각 장단점이 있다. 액체 연료 로켓은 매우 복잡하지만, 추진력의 크기를 **조절**할 수 있다. 고체 연료 로켓은 매우 간단하지만, 한번 점화하면 끌 수 없다! 오늘날의 로켓은 대부분 액체 연료 엔진을 사용한다. 고체 연료 로켓은 대개 **부스터 로켓**으로 사용돼, 비행 초기에 주 로켓을 올려 주는 일을 한다. 역할을 다한 부스터 로켓은 주 로켓에서 분리돼 지구로 떨어진다.

로켓의 가속 방식은 다른 발사체와 다르다. 화살이나 총알도 발사 시에는 힘을 가해 가속하지만, 힘이 기해지는 순간은 아주 짧다. 그다음부터 발사체는 탄도 궤도를 따른다. 거기에 작용하는 유일한 힘은 중력과 약간의 공기 저항뿐이다.

반면 로켓은 매우 크고, 무겁다. 다른 발사체보다 중력과 공기 저항을 이기기가 힘들다. 이에 로켓 엔진은 지속적으로 힘을 가해 로켓을 가속시킨다. 우주로 나아가는 데 필요한 속력과 높이에 이르기 위해서 말이다. 우주선은 로켓 엔진 덕에 서서히 안전하게 가속돼 우주까지 갈 수 있다.

그런데 로켓이 무거운 까닭은 엔진과 연료 때문이다. 특히 연료가 로켓을 아주 무겁게 만든다. 이에 로켓 공학자들은 로켓을 단으로 분리해 버렸다. 오늘날 대부분 로켓은 2단이나 3단 로켓이다. 아니면 부스터 로켓이라도 갖고 있다. 이렇게 분리되는 로켓들을 다단 로켓이라고 부른다.

이륙부터 지구로의 추락까지 우주 왕복선의 고체 로켓 부스터를 따라가 보자!

⚲ 우주 왕복선 로켓 영상

 알·고·있·나·요·?

모든 로켓이 단계별 로켓을 버리는 것은 아니다. 스페이스엑스 팰컨 9의 1단 로켓은 지구로 돌아와 자체 동력으로 착륙할 수 있다. 다음 영상을 통해 두 부스터 로켓이 동시에 착륙하는 장면을 확인해 보자.

⚲ 팰컨 헤비와 스타맨

단의 장점은 로켓의 무게를 줄일 수 있다는 점이다. 각 단의 로켓은 자체 엔진과 연료를 갖고 있으며 연료가 다 소진된 단은 폐기돼서 지구로 떨어진다. 그럼 남은 로켓은 가벼워진다. 이때 질량은 작을수록 더 좋다. 단 덕분에 로켓은 우주로 나아가는 데 필요한 엄청난 속력과 높이에 더 쉽게 도달할 수 있다. 그런데 일단 우주로 나아간 로켓은 대체 어떻게 되는 것일까? 새총이나 캐터펄트로 발사한 모든 발사체는 결국 다시 지구로 돌아왔다. 그것만 보면 어쨌든 위로 올라간 물체는 반드시 아래로 내려와야 하는 것처럼 느껴진다.

❝ 물체를 아주 빨리 날려 보내서 다시 지구로 돌아오지 않게 하는 것이 가능할까? ❞

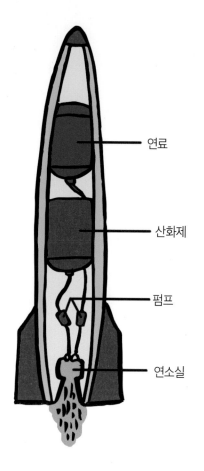

액체 연료 로켓

연료

산화제

펌프

연소실

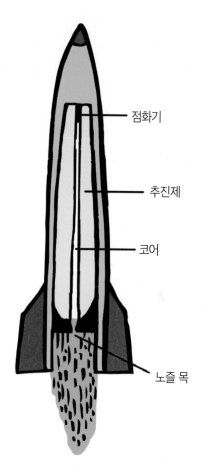

고체 연료 로켓

점화기

추진제

코어

노즐 목

⚙ 산 위의 대포

공기마저 희박한 아주 높은 산꼭대기에서 누군가 사용해 주기만 기다리는 거대하고 강력한 대포를 발견했다고 치자. 이 거대한 대포로 얼마나 멀리 쏠 수 있을까?

대포의 동력을 가장 낮게 설정해 발사한 후 저 멀리 사라지는 포탄을 관찰해 보자. 포탄은 수천 킬로미터를 날아가 땅에 떨어질 것이다. 포탄이 더 멀리 날아가면 좋겠다고? 대포의 동력을 키워 다시 시도해 보자. 이번 포탄은 지구 둘레의 절반 정도 되는 20,000km 이상을 이동했다. 마지막으로 대포의 힘을 최대로 올려 포탄을 하나 더 발사해 보자. 이 포탄은 어디로 갈까? 땅에 떨어질까?

▲ 대포의 동력을 어떻게 설정하느냐에 따라 포탄이 떨어지는 곳이 달라진다.

아니다. 마지막 포탄은 땅에 떨어지지 않는다. 포탄은 중력이 지구로 끌어당길 때, 지구 표면이 굽어 포탄에서 멀어질 정도로 아주 빨리 여행한다. 포탄이 지구 둘레를 따라 떨어지는 셈이다. 이것을 궤도라고 한다.

궤도란 우주에서 하나의 물체가 다른 물체 주위를 도는 경로다. 우리 태양계에서 행성과 소행성, 혜성은 모두 태양 주위를 돈다. 자연 위성이나 달은 행성 주위를 돈다. 허블 우주 망원경이나 국제 우주 정거장 같은 인공위성은 지구 주위를 돈다. 어떤 우주 탐사선은 다른 행성 주위를 돌기도 한다.

궤도 진입은 쉽지 않다. 첫째, 발사체가 최소 27,000km/h 정도로 빨리 여행해야 한다. 대포나 소총의 발사체보다 훨씬 더 빠른 속력이다. 날아가는 총알보다도 10배 빠르다. 둘째, 놀라운 속력만으로는 부족하다. 발사체가 빨리 이동하면 항력이 매우 커진다. 물체가 지구 주위를 돌려면 지구의 대기권 위쪽인 우주에 있어야 한다. 아무리 희박하더라도 공기가 있으면 위성이나 우주선의 속력이 떨어진다. 그럼 탄도 궤도를 따라 지구로 떨어질 수밖에 없다.

⚙ 로켓의 경로

발사된 로켓은 위쪽을 향해 수직으로 비행하지만, 가속하면서 기울어지기 시작한다. 여느 발사체들처럼 로켓 또한 궤도 진입에 필요한 거리와 속력에 이르려면 수평 운동과 수직 운동이 함께 필요하다.

다단 로켓은 단계별로 로켓을 버리기 때문에 점점 가벼워지고, 빨라진다. 발사 후 몇 분 지나지 않아 로켓은

우주에 온 걸 환영합니다!

대기권의 끝과 우주의 시작점은 어디일까? 둘을 구분하는 정확한 선도, "우주에 온 걸 환영합니다!"라고 쓰인 표지판은 없지만 과학자들은 지표면으로부터 **고도** 약 100km 높이에 이르면 우주에 진입한다고 여긴다. 우주 진입의 높이는 대부분의 여객기 비행 높이보다 10배 정도 높다.

남은 엔진을 끄고도 우주로 나가기 충분한 운동량을 갖게 된다. 이때 로켓은 탄도 궤도에 있는데, 탄도 궤도는 포물선이므로 가만히 있으면 로켓을 다시 지구로 끌고 올 것이다. 하지만 로켓은 경로를 포물선에서 타원 모양으로 바꾸기 위해 한 번 더 엔진을 발사한다. 이때 로켓은 궤도 안에 진입한다. 참고로 타원은 원처럼 완전한 동그라미는 아니지만 원과 아주 비슷하게 생긴 도형을 가리킨다. 달걀이 바로 타원 모양이다.

> 궤도의 우주선은 뉴턴의 운동 제1 법칙에 따라 다른 힘이 작용해 운동에 변화를 줄 때까지 궤도에 머물 것이다.

▲ 우주 캡슐의 지구 대기권 재진입 모습을 예술적으로 연출했다. 엄청난 마찰이 발생한다!   출처: NASA

반대로 로켓이 지구로 다시 돌아오려면 속력을 줄임으로써 경로를 타원에서 포물선으로 바꿔야 한다. 역추진 로켓은 우주선 이동 방향의 반대로 발사돼 우주선의 속력을 떨어뜨린다. 대기권에 진입한 우주선은 떨어진 속도에도 불구하고 엄청난 항력을 겪는다. 공기와 우주선 사이 마찰은 우주선 외부를 달궈 주변 공기를 상당히 뜨겁게 만든다. 이후 로켓은 자유 낙하를 하면서 다시 한번 다른 발사체처럼 운동하다가 낙하산이 펼쳐지면서 매끄럽고 안전하게 착륙한다.

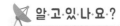 **알·고·있·나·요?**

아폴로 호가 달에서 돌아올 때 우주선 외부 온도는 섭씨 2,760℃ 이상이었다. 그렇지만 걱정할 필요는 없다. 우주 비행사들은 **열 차폐**로 열을 차단하고 선실 안에 안전하게 있었다.

케플러 법칙

수 세기 동안 천문학자들은 달과 여러 행성이 모두 하늘에서 완전한 원 궤도를 돈다고 믿었다. 하지만 17세기 네덜란드의 천문학자 **요하네스 케플러**(1571~1630)는 천체의 경로가 완전한 원이 아니라 타원일지도 모른다고 생각했다. 케플러는 달과 행성의 운동을 주의 깊게 연구함으로써 행성 운동에 관한 세 가지 수학 법칙을 만들어 냈는데, 그 법칙은 오늘날에도 여전히 사용된다.

⚙️ 지구 그 너머

아폴로 호의 우주 비행사들은 달 위를 껑충껑충 뛰어다녔다. 탐사선 큐리오시티는 지구로 화성 이곳저곳의 사진을 전송한다. 이 우주선과 탐사선은 어떻게 달을 지나 화성과 목성까지 갔을까?

지구에서 벗어나려면 우주선은 궤도 진입 시보다 훨씬 더 빨리 이동해야 한다. 지구 중력을 완전히 벗어나려면 발사체가 약 40,000km/h로 여행해야 하는데, 매초 약 11km 이동하는 셈이다. 이것을 **지구 탈출 속도**라고 한다. 하지만 지구 탈출 속도로도 화성이나 그 너머에 있는 행성까지 가기에는 턱없이 부족하다.

> ❝ 멀리 가고 싶을수록 빨리 이동해야 한다. ❞

역사상 가장 빠른 우주선은 무인 우주 탐사선 뉴호라이즌스 호다. 뉴호라이즌스 호는 58,000km/h라는 놀라운 속력으로 발사됐음에도 목적지인 명왕성 도달에 9년이 넘게 걸렸다. 더 먼 우주로 나아가려면 더 빠른 우주선을 만들어야만 한다. 앞으로 우리는 얼마나 더 멀리까지 갈 수 있을까? 이 질문에 대한 답은 '앞으로 우리가 얼마나 빠른 발사체를 만들 수 있을까?'의 답과 같다. 언젠가는 과학이 답해 줄 것이다. 그리고 그 답변을 이해하려면, 우리는 발사체 과학에 대해 알아야만 한다.

고대인의 사냥부터 오늘날의 우주선 발사까지, 발사체 과학은 여러모로 인류와 관련이 깊다. 그러므로 발사체 과학을 어렵게 생각할 필요는 전혀 없다. 갈릴레이와 뉴턴 같은 과학자들이 화살과 사과처럼 흔한 물체를 관찰함으로써 탄도 운동의 결정 법칙이 무엇에게든, 어디에서든 적용된다는 것을 이미 보여 주지 않았는가. 발사체 과학의 작용은 우리 주변에서 쉽게 볼 수 있다. 음료수 캔이나 공을 던지거나 발로 찰 때 발사체 운동을 볼 수 있으니까. 그러니 발사체 과학을 꼭 공부하자. 새총에서부터 로켓에 이르기까지, 우리 주변은 물론 그 너머의 세상에 대해서까지 알게 될 테니 말이다.

🌱 **생각을 키우자!**

새총으로 돌멩이 던지기와 로켓 발사는 어떤 점이 비슷할까? 또 어떤 점이 다를까?

발사 시간

로켓의 작동 원리 이해를 위해 꼭 특별한 발사대나 10억 원짜리 우주선이 있어야 하는 것은 아니다. 집에서도 로켓의 비행을 연구할 수 있다! 노끈과 빨대, 풍선만 있으면 된다.

1 > **의자나 문손잡이 같은 튼튼한 물체에 노끈의 한쪽 끝을 부착하자.** 친구나 가족에게 잡아 달라고 부탁해도 된다.

2 > **빨대 안에 노끈을 끼운다.** 노끈의 반대쪽 끝을 또 다른 튼튼한 물체에 부착하라. 노끈을 수평으로 팽팽하게 만들자.

3 > **풍선을 불어** 묶지 말고 손으로 입구를 막는다.

4 > **풍선을 빨대에 붙여라.** 이때 풍선 주둥이 방향을 노끈과 나란히 해야 한다.

5 > **풍선과 빨대를 노끈의 한쪽 끝으로 옮기자.**

6 > **풍선을 놓는다!** 막았던 풍선 주둥이에서 손을 떼면 어떤 일이 일어날까? 관찰한 내용을 그림과 함께 공학자 공책에 기록한다.

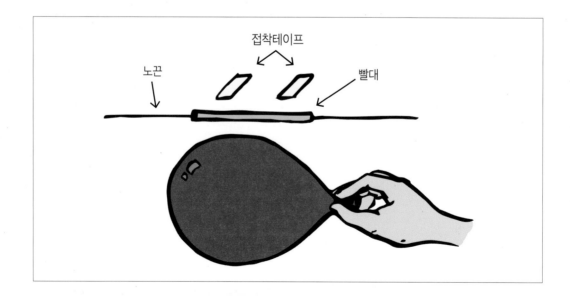

7> **풍선 내 공기의 양을 더 많거나 적게 조정해서 실험해 보자.** 공기의 양은 풍선의 운동에 어떤 영향을 미치는 것일까?

8> **이번에는 노끈을 수직으로 놓는다.** 풍선을 놓으면 어떻게 될까?

토론거리

• 노끈을 수평으로 놓으면 풍선이 어느 쪽으로 이동할까? 수직으로 놓으면 어떨까?
• 뉴턴의 운동 법칙으로 실험 결과를 설명할 수 있을까?
• 수평 발사보다 수직 발사에 더 많은 영향을 미치는 것은 어떤 힘일까?

이것도 해 보자!

풍선의 크기와 모양을 다양하게 바꿔 가며 실험해 보라. 풍선의 크기와 모양은 풍선의 운동에 어떤 영향을 미칠까? 풍선을 가장 멀리 보낼 수 있는 최고의 크기와 모양이 있을까? 로켓의 모양을 생각해 보자. 풍선을 로켓과 비슷한 모양으로 만들면 그 도달 거리와 속력이 달라질까?

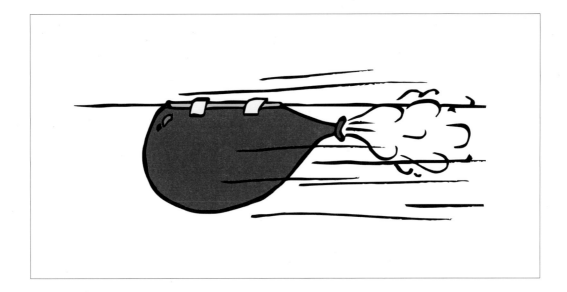

달까지!

액체 연료 화학 로켓을 직접 만들어 보자! 실제 로켓이 사용하는 연료는 극히 위험하지만, 집에서 흔히 접할 수 있는 재료로도 이 연료의 작동 원리를 알아볼 수 있다!

⚠ 어른의 도움을 받아 꼭 바깥에서 실험하라.

1 > 로켓을 발사할 넓고 탁 트인 야외 공간을 찾아라.

2 > 플라스틱 병의 입구에 코르크 마개를 꽉 끼우자.

3 > 로켓 다리를 만들자. 병 입구 쪽 바깥에 같은 간격으로 연필 3개를 테이프로 단단히 부착하라. 코르크 마개의 위치는 바닥에서 대략 2.5cm가 되게 한다.

4 > 키친타월 한 장을 반으로 잘라라. 키친타월 중앙에 베이킹소다 한 숟가락을 놓는다.

5 > 키친타월을 접어라. 나중에 베이킹소다를 흘리지 않고 병 입구로 넣기 위해서다.

6 > 보안경을 착용하라. 언제 어디에서나 안전이 최우선이다!

7 > 코르크 마개를 빼고 로켓 안에 식초를 붓는다. 약 2.5~5cm까지 넣으면 된다.

8 > 베이킹소다를 병에 넣어라. 재빨리 병에 코르크 마개를 다시 끼운다.

9 > 병을 2, 3초 흔들자. 그다음 재빨리 코르크 마개가 아래를 향하게 로켓 다리를 바닥에 내려놓는다.

10 > 6m 정도 뒤로 물러나라. 이제 병이 날아가는 것을 관찰하면 된다!

토론거리 ···

• 베이킹소다와 식초가 만나면 어떻게 될까? 이 현상을 위치 에너지와 운동 에너지 관점에서 설명할 수 있을까?

• 실험에 사용한 혼합물은 로켓을 어떻게 움직일까?

• 로켓이 움직일 때 로켓에 작용하는 다른 힘에 어떤 것이 있을까?

항해하는 보이저 호

물체가 충분한 빠르기로 움직이면 태양계를 완전히 벗어날 수 있다. 지금까지 단 몇 대의 무인 우주 탐사선만이 이 엄청난 개가를 이루었다. 파이어니어 10호와 11호, 보이저 1호와 2호, 그리고 뉴호라이즌스 호 모두 우

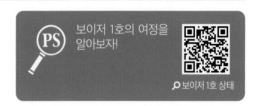

PS 보이저 1호의 여정을 알아보자!

🔍 보이저 1호 상태

리 태양계를 벗어나 성간 우주의 탄도에 진입했다. 1977년에 발사한 보이저 1호는 인간이 만든 것 중 지구에서 가장 멀리 나간 물체다. 4만 년 후 보이저 1호는 태양계에서 가장 가까운 별인 글리제 445를 지나갈 것이다.

이것도 해 보자!

식초와 베이킹소다의 양을 달리 해서 실험해 보라. 가장 효과가 좋은 비율이 따로 있을까? 병의 크기와 모양도 바꿔 보자. 병의 크기와 모양은 로켓의 비행에 어떤 영향을 미칠까? 영향이 있다면, 운동 법칙으로 설명할 수 있을까?

다단 로켓

로켓을 더 멀리, 더 빠르게 여행하게 도와주는 다단 로켓의 원리는 무엇일까? 2단 로켓 풍선을 만들어 그 답을 알아보자!

1 > **플라스틱 빨대 2개를 끈에 끼워 넣자.** 앞에서 수행한 로켓 풍선 실험(114쪽)을 참고하면 된다. 만들어 놓은 게 없다면 앞으로 돌아가 만들어라.

2 > **뻣뻣한 종이 원통을 잘라 작은 고리 모양으로 만들자.** 2.5cm 정도의 폭이 좋다.

3 > **풍선 하나를 불어 3분의 2 정도 공기를 채우자.** 너무 빵빵하게 불면 안 된다.

4 > **서류용 집게로 풍선 주둥이를 막아라.** 또는 누군가에게 부탁해 손으로 막고 있게 하자.

5 > **이 풍선 주둥이를 종이 고리 안으로 통과시켜 잡는다.** 풍선에서 바람이 새지 않게 해야 한다.

6 > **두 번째 풍선도 3분의 1 정도를 종이 고리에 끼워 넣어라.** 이때 풍선 주둥이가 첫 번째 풍선 주둥이와 같은 방향으로 향해야 한다. 첫 번째 풍선의 바람이 새지 않게 주의하자.

7 > **종이 고리 안 첫 번째 풍선의 주둥이를 막아 바람이 새지 않을 때까지 두 번째 풍선에 바람을 불어 넣는다.** 아마 다른 사람의 도움이 필요할 것이다.

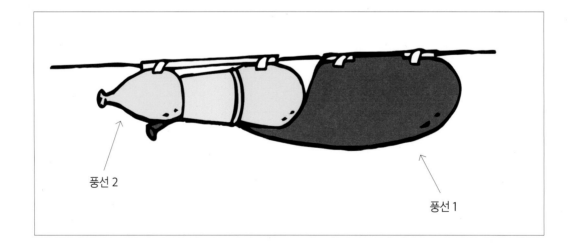

풍선 2

풍선 1

8 〉 두 번째 풍선의 주둥이를 서류용 집게로 막는다.

9 〉 빨대 하나에 풍선 하나씩 테이프로 붙인다.

10 〉 집게를 제거해 2단 풍선 로켓을 발사한다! 어떻게 될까?

토론거리 ···

- 막았던 풍선 주둥이를 열면 어떤 일이 벌어질까?
- 뉴턴의 법칙으로 이 운동을 설명할 수 있을까?
- 두 번째 풍선의 공기가 다 빠지면 어떤 일이 벌어질까?
- 두 풍선은 서로 분리될까, 아니면 서로 붙어 있을까?

이것도 해 보자!

두 풍선을 테이프로 붙여 두 번째 풍선의 공기가 빠질 때 서로 분리되지 않게 해 보자. 이 시도가 풍선 로켓의 속력과 거리에 어떤 영향을 미칠까? 두 풍선을 분리하는 것이 나을까, 아니면 서로 붙여 놓는 것이 나을까? 아이작 뉴턴은 이 질문에 뭐라고 답할까? 더 많은 로켓 단을 추가해 보라! 풍선 로켓은 얼마나 멀리 갈 수 있을까?

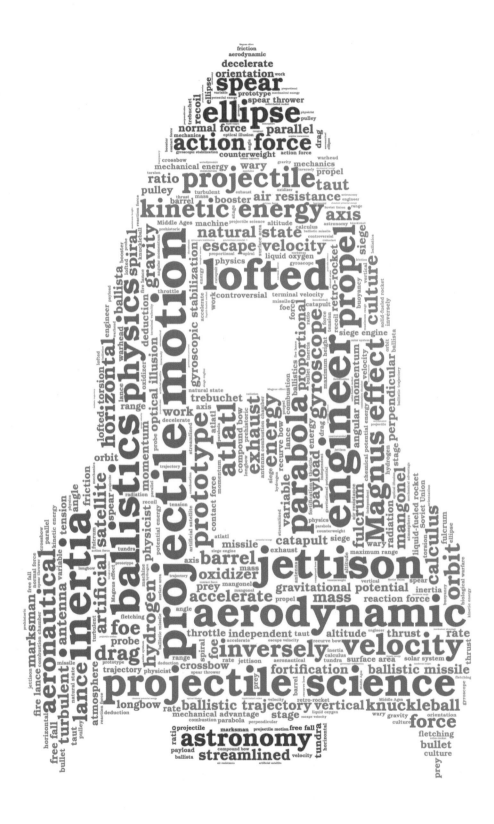

책

윌리엄 거스텔, 《캐터펄트의 기술 - 그리스의 발리스타, 로마의 오나거, 잉글랜드의 트레뷰셋, 그 밖의 고대 대포 만들기》(시카고 리뷰 출판사, 2004)

William Gurstelle, *The Art of the Catapult: Build Greek Ballistae, Roman Onagers, English Trebuchets, and More Ancient Artillery* (Chicago Review Press, 2004)

윌리엄 거스텔, 《집에서 배우는 탄도학: 감자 대포, 종이 성냥 로켓, 신시내티의 불타는 연, 테니스공 박격포, 그 밖의 다이너마이트 장치 만들기》(시카고 리뷰 출판사, 2012)

William Gurstelle, *Backyard Ballistics: Build Potato Cannons, Paper Match Rockets, Cincinnati Fire Kites, Tennis Ball Mortars, and More Dynamite Devices* (Chicago Review Press, 2012)

칼라 무니, 《로켓학: 로켓과 탄도학의 과학 기술에 관한 연구》(노마드 출판사, 2014)

Carla Mooney, *Rocketry: Investigate the Science and Technology of Rockets and Ballistics* (Nomad Press 2014)

웹사이트

NBC Learn: 미식축구공에 숨겨진 과학을 알아보자!
https://www.youtube.com/watch?v=08BFCZJDn9w

WIRED: 앵그리버드 게임에 숨어 있는 과학을 알아보자.
wired.com/2010/10/physics-of-angry-birds

NASA: 로켓 공학에 대해 더 알아보자.
nasa.gov/audience/foreducators/rocketry/home/index.html

콜로라도대학교 볼더캠퍼스: PhET 인터랙티브 시뮬레이션을 경험해 보자.
phet.colorado.edu/en/simulations/category/physics/motion

영상

SciShow 유튜브 영상
youtube.com/user/scishow

Veritasium 유튜브 영상
youtube.com/user/1Veritasium/feed

QR 코드 웹사이트

▶ 11쪽   youtube.com/watch?v=1KVesnLv_mc

▶ 18쪽   youtube.com/watch?v=aJc4DEkSq4I

▶ 26쪽   exploratorium.edu/ronh/weight

▶ 28쪽   youtube.com/watch?v=KlWpFLfLFBI

▶ 34쪽   leaningtowerpisa.com/facts/why/why-pisa-leaning-tower-does-not-fall

▶ 35쪽   youtube.com/watch?v=E43-CfukEgs

▶ 42쪽   youtube.com/watch?v=urQCmMiHKQk

▶ 47쪽   phet.colorado.edu/sims/html/projectile-motion/latest/projectile-motion_en.html

▶ 49쪽   si.com/mlb/2018/03/22/wil-myers-launch-angle

▶ 52쪽   youtube.com/watch?v=NJ2_VVBlF3M

▶ 53쪽   youtube.com/watch?v=uRijc-AN-F0

▶ 64쪽   historic-uk.com/HistoryUK/HistoryofEngland/Robin-Hood

▶ 68쪽   youtube.com/watch?v=yi4p8ZR4n28

▶ 70쪽   youtube.com/watch?v=sXuQvAPwcOE

▶ 71쪽   youtube.com/watch?v=gLVQE2Ml9z8

▶ 84쪽   solarsystem.nasa.gov/resources/329/the-apollo-15-hammer-feather-drop

▶ 87쪽   ted.com/talks/alan_eustace_i_leapt_from_the_stratosphere_here_s_how_i_did_it#t-57289

▶ 89쪽   youtube.com/watch?v=YIPO3W081Hw

▶ 90쪽   youtube.com/watch?v=6R-cF-5CciE

▶ 93쪽   youtube.com/watch?v=cquvA_IpEsA

▶ 102쪽   youtube.com/watch?v=9KnIqblQEeM

▶ 104쪽   space.com/18422-apollo-saturn-v-moon-rocket-nasa-infographic.html

▶ 106쪽   youtube.com/watch?v=sB_nEtZxPog

▶ 108쪽   youtube.com/watch?v=2aCOyOvOw5c

▶ 108쪽   youtube.com/watch?v=A0FZIwabctw

▶ 110쪽   youtube.com/watch?v=_Kq67RcfSpw

▶ 117쪽   voyager.jpl.nasa.gov/mission/status

가속도	22, 23, 25, 28, 32, 33, 44, 50~51, 54~55, 84
갈릴레오 갈릴레이	28, 34~35, 42, 51, 52~53, 84, 95, 113
고체 연료 로켓	102, 106, 108~109
공기 저항(항력)	13, 83~99, 106, 108
공성전/공성 병기	12, 67~71, 80
관성	17, 20~21, 31, 92
궤도	13, 38, 39, 40, 62, 63, 66, 67, 84, 88, 91, 97, 103, 104, 106, 108, 110, 111, 112, 113
기계	59, 60, 62, 66, 77, 104
낙하산	83, 85~87, 96, 112
너클링 효과	90
너클볼	83, 90
뉴턴의 운동 제1 법칙	19~22, 24, 31, 38, 40, 41, 83, 88, 92
뉴턴의 운동 제2 법칙	22, 23~24, 25, 32
뉴턴의 운동 제3 법칙	24, 25~26, 33, 106
다단 로켓	108, 111, 118~119
대포	12, 72, 85, 109~110
도달 거리	45, 46~47, 73, 115
로버트 고더드	102~103
로켓	10, 13, 35, 38, 43, 84, 96, 101~119
롱 보우	64~66
리커브 보우	64~66
마그누스 효과	89
마찰	20, 21, 35, 40, 62, 84, 111, 112
망고넬	68~70, 78~79
무기	10, 12~13, 67, 71, 72, 79, 94, 102, 103
물리학(자)	13, 18, 23, 34, 50, 53, 63, 84, 94
미사일	12, 70
반작용	25~26, 33, 41
발리스타	70~71

발사 각도   15, 46~47, 56~57, 68, 79, 81

발사체   9~15, 20, 22, 29, 37~57, 59, 60, 62, 63, 65, 66, 68, 70, 71, 72, 74~75, 78~79, 81, 83, 84, 85, 88, 91, 94, 97, 99, 101, 104, 108, 110, 112, 113

베르너 폰 브라운   103

비례/반비례   23

비행   13, 15, 40, 43, 44, 45, 46, 47, 75, 81, 85, 102~103, 106, 108, 110~111, 114~115, 117

상대성 이론   53

새총   13, 15, 17, 42~43, 62~63, 66, 74~75, 84, 96, 97, 101, 102, 108, 113

새턴 V   104

소총   12, 72, 93~94, 104, 110

소형 화기   12, 71, 72, 94

속도   14, 15, 17, 19, 22, 24, 37, 40, 43, 45, 46, 48~49, 59, 60, 72, 84, 85, 90, 112, 113

속력   20, 22, 35, 37, 38, 40, 42, 45, 48~49, 51, 60, 72, 83, 84, 85, 88, 95, 103, 108, 110, 112, 113, 115

수직 운동   37, 38, 39, 40, 41~42, 43, 47, 53, 95, 110

수직 항력   41

수평 운동   37, 38, 39, 40, 42, 43, 47, 52~53, 55, 95, 110

수학   13, 18, 19, 23, 45, 46, 50, 91

스핀   83, 89, 90, 91, 92, 98, 99

아리스토텔레스   18~19

아이작 뉴턴   19, 95, 98, 113, 119

아틀라틀   11, 60, 62, 76~77

알베르트 아인슈타인   53

액체 연료 로켓   102~103, 106~109, 116~117

에너지 보존의 법칙   62

역추진 로켓   112

역학 에너지   58~81

역학   18~19

우주 비행/우주선   12, 27, 85, 93, 101, 104, 106~113, 117

운동 에너지   59, 60~62, 63, 64, 72, 73, 75, 78, 81, 106, 116

위치 에너지	59, 61~62, 63, 64, 68, 70, 72, 73, 74~75, 78~79, 81, 106, 116
위플볼	88, 97
유리 가가린	12
인공위성	104, 110
자연 상태	18~19
자유 낙하	42, 112
자이로스코프	93, 102
중력 가속도	44, 50~51, 54~55
중력	17, 19, 26~29, 35, 37, 38, 40, 41, 42, 43, 44, 47, 50~51, 53, 54, 61, 70, 72, 80, 83, 84, 85, 88, 95, 106, 108, 110, 112, 113
질량	17, 20, 21, 23, 24, 25, 26, 28, 32, 34~35, 42, 49, 50~51, 53, 60~62, 66, 73, 75, 84, 96, 108
천문학(자)	18, 112
최대 높이	44, 54
최대 도달 거리	46~47
추진력	17, 104, 106~109
캐터펄트	12~13, 46, 62, 66, 67~68, 70, 71, 72, 78~79, 96, 97, 104, 108
커브볼	13, 83, 88, 89, 90
컴파운드 보우	65
콘스탄틴 치올롭스키	102
투창기	11, 60, 76
트레뷰셋	12, 68~70, 71, 80~81
항공 공학(자)	84
화창	12, 72, 102
활과 화살	10, 12, 13, 24, 25, 38, 40, 42, 45, 46, 47, 60, 62, 63~66, 67, 84, 92, 101, 108, 113

탐구 활동 모아보기

들어가기 · 발사체 과학

공학자처럼 생각하기   14
주변의 발사체 찾기   15

1장 · 운동의 법칙

운동의 힘 관찰하기   30
뉴턴의 운동 제1 법칙   31
뉴턴의 운동 제2 법칙   32
뉴턴의 운동 제3 법칙   33
피사의 실험, 첫 번째   34

2장 · 발사체 운동

수평 속도 알아내기   48
대단한 중력!   50
피사의 실험, 두 번째   52
얼마나 높아야 높은 것일까?   54
발사 각도 실험   56

3장 · 역학 에너지

에너지 충전!   73
새총 놀이!   74
아틀라틀 싸움   76
망고넬 만들기   78
트레뷰셋 만들기   80

4장 · 공기 저항

피사의 실험, 세 번째   95
DIY 낙하산 만들기   96
위플볼을 요동치게 만드는 것은 무엇일까?   97
회전하는 공 던지기   98
던져 봐!   99

5장 · 로켓 발사!

발사 시간   114
달까지!   116
다단 로켓   118

앞서 나가는 10대를 위한

초판 1쇄 발행 2024년 3월 1일

지 은 이 매슈 브렌든 우드
그　　림 톰 카스테일
옮 긴 이 전이주
발 행 처 타임북스
발 행 인 이길호
편 집 인 이현은
편　　집 최아라·이호정
디 자 인 민영선
마 케 팅 이태훈·황주희
재작물류 최현철·김진식·김진현·이난영·심재희

타임북스는 ㈜타임교육C&P의 단행본 출판 브랜드입니다.

출판등록 2020년 7월 14일 제2020-000187호
주　　소 서울특별시 강남구 봉은사로442 75th Avenue빌딩 7층
전　　화 02-590-6997
팩　　스 02-395-0251
전자우편 timebooks@t-ime.com
인스타그램 @time.books.kr

ISBN　979-11-93794-00-5(44550)
　　　　979-11-93677-99-5(세트)